四川省产教融合示范项目系列教材

电气工程及其自动化专业
（电力系统方向）
生产实习指导书

主　编　　陈民武

副主编　　韩花荣　杨博惟　张婷婷

西南交通大学出版社

·成　都·

图书在版编目（CIP）数据

电气工程及其自动化专业（电力系统方向）生产实习指导书/陈民武主编. —成都：西南交通大学出版社，2022.12

ISBN 978-7-5643-8950-5

Ⅰ.①电… Ⅱ.①陈… Ⅲ.①电工技术－生产实习－高等学校－教学参考资料②自动化技术－生产实习－高等学校－教学参考资料 Ⅳ.①TM②TP2

中国版本图书馆 CIP 数据核字（2022）第 190093 号

Dianqi Gongcheng ji Qi Zidonghua Zhuanye
(Dianli Xitong Fangxiang) Shengchan Shixi Zhidaoshu

电气工程及其自动化专业
（电力系统方向）生产实习指导书
主编　陈民武

责 任 编 辑	李芳芳
封 面 设 计	吴　兵
出 版 发 行	西南交通大学出版社
	（四川省成都市金牛区二环路北一段 111 号 西南交通大学创新大厦 21 楼）
发行部电话	028-87600564　87600533
邮 政 编 码	610031
网　　　址	http://www.xnjdcbs.com
印　　　刷	四川森林印务有限责任公司
成 品 尺 寸	185 mm×260 mm
印　　　张	8
字　　　数	156 千
版　　　次	2022 年 12 月第 1 版
印　　　次	2022 年 12 月第 1 次
书　　　号	ISBN 978-7-5643-8950-5
定　　　价	39.00 元

课件咨询电话：028-81435775

前　言

电气工程是一门实践性很强的学科，目前大多数高校都设置了专业生产实习环节，作为理论教学的延伸。当前电力行业新技术快速发展，为了更好地将理论与实践相结合，我们专门编写了这本《电气工程及其自动化专业（电力系统方向）生产实习指导书》，以帮助学生了解电力生产各环节主要电气设备，掌握电网运维关键技术，提升解决现场工程问题能力，确保生产实习的规范性和科学性。

本教材共 5 章，第 1 章介绍了电力变电站主要一次设备，包括变压器、高压断路器、隔离开关、互感器等设备的基本结构和工作原理；第 2 章介绍了电力系统常用通信技术，包括通信网络组成、介质和配套设备；第 3 章介绍了电力系统继电保护装置，包括保护原理、自动装置和调试方法等；第 4 章介绍了常见电力调度系统，涉及运行控制、调度自动化、能量管理等方面；第 5 章介绍了智能变电站相关知识，包括基本架构、核心设备以及操作方法等。

本书在编写过程中得到国网四川省电力公司技能培训中心专家的指导，得到西南交通大学电气工程学院陈垠宇、王帅、彭高强、肖迪文、宫心等研究生的帮助，得到西南交通大学出版社的鼎力支持，在此表示衷心的感谢！

本书在编写过程中参考了相关文献资料，在此向文献资料的作者表示诚挚的感谢！

由于编者水平有限，书中难免存在不妥之处，敬请各位专家和读者批评指正。

编　者
2022 年 7 月

目　　录

第 1 章　电力变电站一次设备

电力系统是指由生产、输送、分配和消费电能的各种电气设备连接在一起而组成的统一整体[1,2]。电力系统加上电能生产的动力部分（如火电厂的锅炉、汽轮机，水电厂的水库、水轮机，核电厂的反应堆、汽轮机）就组成了动力系统。电力网则是电力系统中生产和输送电能的部分，包括升压变压器、降压变压器、相关变电设备以及各个电压等级的输电线路。动力系统、电力系统以及电力网的构成如图 1.1 所示。

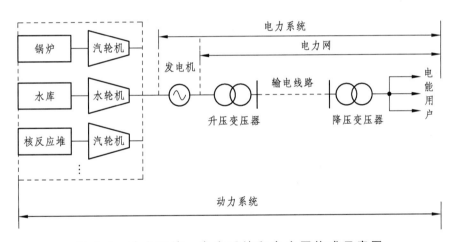

图 1.1　动力系统、电力系统和电力网构成示意图

1.1　变压器

变压器是一种静止电气设备，其利用电磁感应原理，将一种电压等级的交流电能转换成相同频率的另一种电压等级的交流电能。变压器具有变压、变流、变阻抗和变相位的功能。在电力系统中，常将变压器接受电能一侧称为一次绕组，将输出电能的一侧称为二次侧绕组[3]。

变压器对电能的经济传输、灵活分配和安全使用意义重大。在电力传输与分配中，升压变压器将电能经济地输送到用电地区，再通过降压变压器把电压降低以供用户使用，实现电能的变换、传输、分配和使用；在一般工业和民用产品中，变压器可实现电源与负载的阻抗匹配、电路隔离、高压或大电流的测量等；此外，工业中还会涉及使用许多具有特殊用途的变压器，如整流变压器、控制用变压器和自耦变压器等，以实现工业过程的安全、灵活用电，保障工业生产。

1.1.1 变压器的分类

变压器种类很多，可将其按照用途、结构、相数、绕组数目、冷却方式等进行分类。

（1）按用途分类为：电力变压器（升压变压器、降压变压器、联络变压器和厂用变压器）、试验变压器、仪用互感器（电压互感器和电流互感器）、特种变压器（如调压变压器、试验变压器、电炉变压器、整流变压器、电焊变压器等）；

（2）按相数分类为：单相变压器、三相变压器，如图1.2、1.3所示；

（3）按绕组数目分类为：双绕组变压器、三绕组变压器、自耦变压器；

（4）按冷却方式分类为：干式变压器（以空气为冷却介质）、油浸式变压器（以油为冷却介质）；

（5）按调压方式分类分：普通分接头的变压器、有载调压变压器。

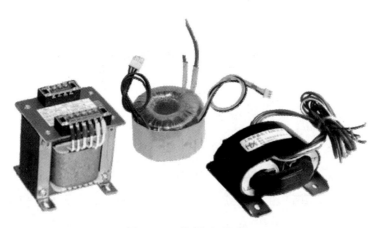

图 1.2 单相变压器

图 1.3　三相变压器

1.1.2　变压器的基本结构

变压器由铁心、绕组、油箱、冷却装置、绝缘套管和保护装置等部件构成，其中最主要的部件是铁心和绕组，铁心和绕组装配在一起构成变压器器身。图 1.4 是油浸式电力变压器的基本结构图。油浸式变压器的器身放在注满变压器油的油箱里，油箱外装有散热器，油箱上部装有储油柜、安全气道、绝缘套管等部件。

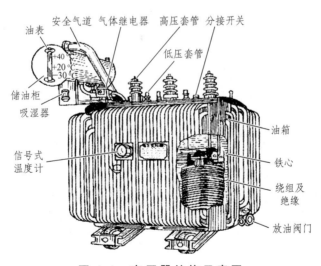

图 1.4　变压器结构示意图

铁心：变压器中，铁心既是耦合磁通的主要通路，又是机械骨架，如

图 1.5 所示。铁心一般由用高磁导率的铁磁性材料制成，有利于提高磁路的导磁性能，减少铁心中的磁滞、涡流损耗，大部分铁心采用厚度为 0.35～0.5 mm 且表面涂有绝缘漆的硅钢片叠装而成。为了通过减小接缝间隙来减小励磁电流，铁心一般采用交错式叠装方式，使相邻的接缝错开。三相变压器有三个铁心柱，每个柱上放有一、二次绕组。铁心叠片间的绝缘电阻很小，运行中的铁心只允许单点可靠接地，若两点或两点以上接地，接地点间会形成闭合回路，当主磁通穿过此回路时会产生环流，造成铁心局部温度过高。

图 1.5　变压器铁心

绕组：是变压器传递电能的电路部分，常用包有绝缘材料的铜线或铝线绕制而成。为了使绕组具有良好的机械性能，其外形一般为圆筒形状。高压绕组的匝数多、导体细，低压绕组的匝数少、导体粗。装配时，低压绕组靠着铁心，高压绕组套在低压绕组外侧，高低压绕组之间设置有油道（或气道），以加强绝缘和散热。当三绕组升压变压器功率从低压侧送往高压和中压侧时，希望低压绕组与高、中压绕组紧密耦合，以减小电压降落，因此低压绕组布置在高、中压绕组之间，如图 1.6 所示。而当三绕组降压变压器功率从高压侧送往中压和低压侧时，一般因中压侧负荷较大，故将中、低压绕组位置对调，使得高、中压绕组间有较强的磁耦合。

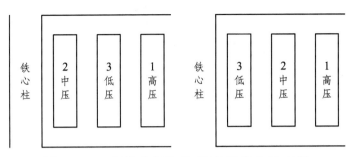

图 1.6　三绕组升压和降压变压器绕组布置

油箱：用于盛装变压器油。油浸式变压器的器身浸在充满变压器油的油箱中，变压器油既是绝缘介质，又是冷却介质。大型变压器一般有两个油箱：一个为本体油箱，一个为有载调压油箱。有载调压变压器的切换开关在操作过程中会产生电弧，频繁操作将会使本体油箱中油的绝缘性能下降，因此设置有载调压油箱将切换开关单独放置。变压器油箱如图 1.7 所示。

图 1.7　变压器油箱

冷却装置：变压器运行时，绕组和铁心中的损耗所产生的热量必须借助于冷却装置及时散逸，避免过热而造成绝缘损坏。常见的冷却方式包括：

（1）油浸自冷式（ONAN）：依靠油箱外壁和油管或散热器的热辐射，借变压器周围空气的自然对流作用散发热量，适用于小容量变压器；

（2）油浸风冷式（ONAF）：用鼓风机或小风扇将冷空气吹过散热器，以增强散热效果，适用于容量大于 10 000 kVA 的变压器；

（3）强迫油循环冷却（强迫导向油循环风冷或水冷，对应 ODAF 或 ODWF）：利用油泵将变压器内的热油打入冷却器，在冷却器内利用风冷或水冷后再送回油箱，适用于容量大于 75 000 kVA 的变压器，如图 1.8 所示。

图 1.8 强迫油循环冷却电力变压器

绝缘套管：是变压器箱外的主要绝缘装置，可以起到固定变压器绕组的引出线，保证引出线之间及引出线与变压器外壳之间绝缘的作用。绝缘套管有纯瓷套管、充油套管和电容套管等形式。纯瓷式多用于 10 kV 及以下小容量变压器，瓷套内为空气绝缘；充油套管多用于 60 kV 及以下中容量的变压器，通过在瓷套管充油进行绝缘；电容式套管多用于 110 kV 及以上中容量的变压器，由主绝缘电容芯子、外绝缘上下瓷件、连接套筒、油枕、弹簧装配、底座、均压球、测量端子、接线端子、橡皮垫圈、绝缘油等组成。35 kV 充油式绝缘套管结构如图 1.9 所示。

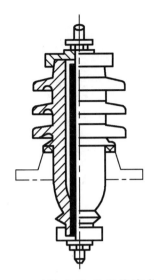

图 1.9　35 kV 充油式绝缘套管结构

保护装置：变压器保护装置由储油柜、吸湿器、安全气道、净油器、气体继电器等部分组成，其作用分述如下：

储油柜：又称油枕，为变压器上面的筒形储油箱，通过管道与油箱连接。当油箱中少油时，油枕中的油顺管道流下，补充到油箱中，使之保持满油状态；当变压器负荷增大、油温增高导致变压器油膨胀时，变压器油顺管道上流，回流到油枕中，起到自动调整油面的作用。油枕的侧面装有油位计，可以监视油位的变化。变压器储油柜如图 1.10 所示。

图 1.10　变压器储油柜

吸湿器：内部充有吸附剂（吸附剂常采用变色硅胶），其作用是吸收空气中的水分，减少变压器油受潮和氧化。变压器吸湿器如图 1.11 所示。

图 1.11　变压器吸湿器

安全气道：又称防爆管，装于油箱顶部，为长钢圆筒形，其上端口装有一定厚度的玻璃板或酚醛纸板，下端口与油箱连通。安全气道的作用为当变压器内部因发生故障引起压力骤增时，让油气流冲破玻璃或酚醛纸板喷出，避免造成箱壁爆裂。

净油器：又称热虹吸器或热滤油器，罐内充满硅胶、活性氧化铝等吸附剂。运行中的变压器因上层油与下层油的温差，使油在净油器内循环，通过与吸附剂接触，油中的水分、游离酸和加速油老化的氧化物等物质会被其吸收，使变压器油得到连续净化，保持良好的电气及化学性能。变压器净油器如图 1.12 所示。

图 1.12　变压器净油器

气体继电器：又称瓦斯继电器。当变压器油箱内部因发生故障（如绝缘击穿，绕组匝间或层间短路等）产生气体或变压器油箱漏油使油面降低时，气体继电器动作，其中轻瓦斯动作于报警信号，重瓦斯动作于开关跳闸，以保证故障不再扩大，达到保护变压器的目的。当发生故障后，一方面可以通过气体继电器的视窗观察气体颜色，另一方面可以通过打开该视窗抽取气体进行分析，从而对故障的性质做出判断。变压器气体继电器如图 1.13 所示。

图 1.13　变压器气体继电器

测温元件：用来测量变压器的油温，如图 1.14 所示。

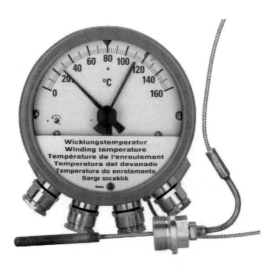

图 1.14　变压器测温元件

油位计：用于指示和监视储油柜的油位，如图 1.15 所示。

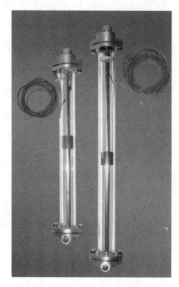

图 1.15　变压器油位计

1.1.3　变压器运行原理

如图 1.16 所示，变压器基于电磁感应原理进行工作：当一次绕组接交流电源时，流过绕组的交流电流会在铁心中产生与外加电压频率相同的交变磁通，该磁通同时交链一、二次绕组，根据电磁感应定律，将在一、二次绕组中分别感应出相同频率的电动势 $e_1\left(e_1=-N_1\dfrac{\mathrm{d}\varPhi}{\mathrm{d}t}\right)$、$e_2\left(e_2=-N_2\dfrac{\mathrm{d}\varPhi}{\mathrm{d}t}\right)$，当副边接上负载时，即可对负载进行供电，实现能量传递。调节变压器变比 $k(k=N_1/N_2)$ 可达到变压目的。

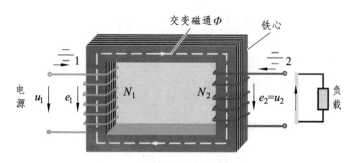

图 1.16　变压器工作原理示意图

1.1.4　变压器铭牌

变压器的铭牌是变压器正常、安全运行的参考依据，其标注了变压器的型号、额定参数及其他数据。变压器的型号用字母和数字表示，字母表示类型，数字表示额定容量和额定电压。

变压器型号：SL 为该变压器基本型号，表示一台变压器的结构、冷却方式、额定容量、电压等级等，其具体含义如图 1.17 所示。例如：SL-500/10 表示三相油浸自冷双绕组铝线、额定容量 500 kVA、高压侧额定电压 10 kV 级的电力变压器；SFPL-63000/110 表示三相强迫油循环风冷式双绕组铝线、额定容量 63 000 kVA、高压侧额定电压 110 kV 级的电力变压器。

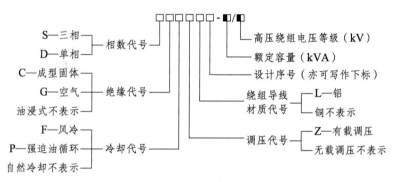

图 1.17　变压器型号示意图

变压器额定值包括：额定容量、额定电压、额定电流、额定频率和额定温升。

额定容量 S_N：S_N 是变压器在额定使用条件下所能输出的视在功率。对三相变压器而言，额定容量指三相容量之和。变压器容量等级包括：10，20，30，40，50，63，80，100，125，160，200，250，315，400，500，630，800，1 000，1 250，1 600，2 000，2 500，3 150，4 000，5 000，6 300，8 000，10 000 kVA 等。其中，容量在 630 kVA 及以下的统称小型变压器，容量在 630～6 300 kVA 的统称中型变压器，容量在 8 000～63 000 kVA 的统称大型变压器，容量在 63 000 kVA 及以上的统称特大型变压器。

额定电压 U_{1N}/U_{2N}：U_{1N} 是指变压器正常运行时电源加到原边的额定电压；U_{2N} 是指变压器原边加上额定电压后，变压器处于空载状态时的副边电压。在三相变压器中，额定电压均指线电压。

额定电流 I_{1N}/I_{2N}：变压器在额定容量下，允许长期通过的电流。三相变压器的额定电流指的是线电流。

额定容量、额定电压和额定电流间的关系为：$S_N = U_{1N}I_{1N} = U_{2N}I_{2N}$（单相变压器），$S_N = \sqrt{3}U_{1N}I_{1N} = \sqrt{3}U_{2N}I_{2N}$（三相变压器）。

额定频率 f：我国规定标准工频为 50 Hz。

额定温升：指变压器油或绕组所允许的最高温度减去最高环境温度（40 ℃）所得到的数据，一般规定上层油温升不能超过 55 ℃。

1.2 高压断路器

高压断路器是电力系统最重要的控制设备和保护设备，用于接通和断开正常工作电流，快速切除过负荷电流和故障电流[4]。高压断路器如图 1.18 所示。

图 1.18 高压断路器

1.2.1 高压断路器的分类

高压断路器可根据其安装地点和灭弧介质进行分类：

按安装地点可分类为：户内和户外；

按灭弧介质可分类为：油断路器、空气断路器、六氟化硫断路器、真空断路器。

（1）油断路器：以绝缘油作为灭弧介质，利用绝缘油在电弧高温作用下分解产生的高压油气来灭弧，根据油量的多少可进一步分为多油断路器和少油断路器。

多油断路器中的油除了具有灭弧功能，还具有触头断开后弧隙绝缘及带电部分与基地外壳之间绝缘的作用。多油断路器具有结构简单、制造方便、易于加装单匝环流电流互感器、受大气条件影响较小等优点，但耗钢、耗油量大，体积大，额定电流不易做大，全开断时间较长，并有发生火灾的可能性。目前国内多生产 10 kV、35 kV 电压级产品。多油断路器如图 1.19 所示。

图 1.19　多油断路器

少油断路器中的油具有灭弧及触头断开后弧隙绝缘的作用，对地绝缘主要靠瓷介质，具有开断性能好，结构简单，制造方便，耗钢、耗油量小，体积、质量较小，价格低等优点，但因油易冻结和劣化，不适用于严寒地带。少油断路器如图 1.20 所示。

（2）空气断路器：以压缩空气作为灭弧介质，具有灭弧性能强、动作迅速、全开断时间短、无火灾危险、适用于严寒地带等优点，但其结构复杂，制造要求和材料要求高，且需配备空气压缩装置，跳闸时排气噪声大，现已趋于淘汰。空气断路器如图 1.21 所示。

图 1.20　少油断路器

图 1.21　空气断路器

（3）六氟化硫（SF$_6$）断路器：以具备优良灭弧性能的 SF$_6$ 气体作为灭弧介质，具有开断能力强、全开断时间短、断口开距小、体积和质量较小、维护工作量小、噪声低、寿命长等优点，但其结构较复杂，金属消耗量较大，制造工艺、材料和密封要求高，所以价格昂贵。目前国内生产的 SF$_6$ 断路器有 10～500 kV 电压级产品。SF$_6$ 断路器与以 SF$_6$ 为绝缘的有关电器组成的封闭组合电器（GIS），在城市高压配电装置中得到广泛应用。六氟化硫断路器如图 1.22 所示。

图 1.22　六氟化硫断路器

（4）真空断路器：以真空作为灭弧和绝缘介质的断路器，具有开断能力强、灭弧迅速、触头不易氧化、运行维护简单、灭弧室不需要检修、结构简单、体积和质量较小、噪声低、寿命长、无火灾和爆炸危险等优点，但因制造工艺、材料和密封要求高，导致开断电流和断口电压不能做得很高。目前国内多生产 35 kV 及以下电压等级产品。真空断路器如图 1.23 所示。

图 1.23　真空断路器

1.2.2　高压断路器的基本结构

如图 1.24 所示，高压断路器基本结构主要包括：电路通断元件、绝缘支撑元件、操动机构、基座、传动机构等部分。其中，电路通断元件安装在绝缘支撑元件上，绝缘支撑元件安装在基座上。

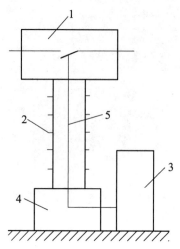

1—电路通断元件；2—绝缘支撑元件；3—操动机构；4—基座；5—传动机构。

图 1.24　高压断路器基本结构

电路通断元件是断路器的核心部分，承担接通和断开电路的任务，由接线端子、导电杆、触头（动触头和静触头）及灭弧室等部分组成。

绝缘支撑元件起着固定电路通断元件的作用，使电路通断元件带电部分与地绝缘。

操动机构起着控制电路通断元件的作用，当操作机构收到合闸或分闸命令时，操作机构动作，并经中间传动机构驱动动触头，实现断路器的合闸或分闸。

1.2.3　高压断路器的操动机构

操动机构是驱动断路器分合闸的重要配套设备，断路器的工作可靠性在很大程度上依赖于操动机构的动作可靠性。对操动机构的要求包括：具有足够的合闸功率，接到分闸命令后应迅速可靠分闸，具有自动脱扣装置和防跳跃措施，具有复位和闭锁功能。

操动机构依据能量形式的不同可以分为：手动操动机构（CS）、电磁操动机构（CD）、弹簧操动机构（CT）、气动操动机构（CQ）、液压操动机构（CY），前三种操动机构属于直动机构，后两种操动机构属于储能机构，普遍应用于高压乃至特高压 SF_6 断路器中。

手动操动机构（CS）：用手直接合闸的操动机构，具有结构简单、不需要配备复杂的辅助设备及操作电源的特点，但不能自动重合闸，只能就地操作，安全性能不够好。手动操动机构主要用来操动电压等级较低、开断电流较小的断路器，如电压 10 kV、开断电流 6 kA 以下的轻型断路器常保留手动操作机构，用人力合闸，用已储能的分闸弹簧分闸。

电磁操动机构（CD）：利用电磁力合闸的操动机构，具有结构简单、工作可靠、维护简单、制造成本低等优点，但合闸电流较大，需要足够容量的直流电源，合闸时间较长。电磁操动机构普遍用来操作 3 ~ 35 kV 断路器。

弹簧操动机构（CT）：以弹簧作为储能元件的机械式操作机构。弹簧的储能需借助电动机通过减速装置来实现，并经过锁扣系统保持在储能状态，其分合闸操作采用两个螺旋压缩弹簧实现。合闸时锁扣借助磁力脱扣，合闸弹簧释放的能量一部分用来合闸，另一部分用来给分闸弹簧储能。合闸弹簧一释放，储能电动机立刻对其储能，储能时间不超过 15 s，可实现断路器的快速自动重合闸。运行时分合闸弹簧均处于压缩状态。

弹簧操动机构不需要专门的操作电源，储能电动机功率小，合闸弹簧的储能也可通过人工手动完成，使用方便，但弹簧操动机构结构复杂，零件数目繁多，成本较高，传动环节有出现故障的概率，主要用于中、小型断路器。

气动操动机构（CQ）：利用压缩空气作为能源的操动机构，按合闸和分闸方式的不同可具体分为：① 气动合闸、气动分闸型；② 气动分闸、弹簧储能合闸型；③ 气动合闸、分闸弹簧分闸型。气动操动机构不需要大功率的直流电源，其独立的储气罐能供气动机构多次操作，但体积较大，零部件的加工准确度比电磁操作机构还要高，同时需要配备压缩空气装置及压缩空气罐，对空气的气密性要求较高，对活塞和气缸维护的要求较高，且由于采用压缩空气作为能量传递介质，操作过程会有动作延时，较少应用于特高压断路器。

液压操动机构（CY）：利用液压油作为动力传递介质，通过直接驱动方式驱动活塞动作或储能驱动方式间接驱动活塞动作。液压操动机构具有操作平稳、无噪声，且需要的控制能量小，在不大的机构尺寸下就可以获得能量强大的操作力等优势。此外，由于液压元件质量轻，反应速度快，故容易实现自动控制与各种保护，当暂时失去电源时仍能操作多次，动作可靠，特别适用于 110 kV 及以上的高压、超高压和特高压断路器。

1.3 隔离开关

隔离开关是发电厂和变电站中常用的开关电气设备，需要与断路器配合使用，一般配有电动和手动操动机构，完成单相或三相电路的电源隔离、倒闸、连通和切断小电流电路等功能。隔离开关无灭弧装置，不能用来接通和切断负荷电流与短路电流[5]。

1.3.1 隔离开关的作用

隔离开关的作用包括：

（1）隔离电压：在检修电气设备时，用隔离开关将被检修设备与电源电压隔离，以确保检修安全。

（2）倒闸操作：投入备用母线、旁路母线或改变运行状态（运行、备用、检修）时用以配合断路器，协同操作完成倒闸。

（3）分、合小电流：可用于分、合电压互感器、避雷器和空载母线，分、合励磁电流不超过 2 A 的空载变压器，关合电容电流不超过 5 A 的空载线路。

隔离开关的连接线路如图 1.25 所示。

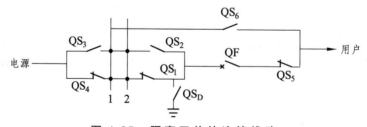

图 1.25　隔离开关的连接线路

1.3.2 隔离开关的分类

隔离开关按照装设地点可分为户内式和户外式；按产品组装极数可分为单极式（每极单独装于一个底座上）和三极式（三极装于同一个底座上）；

按每极绝缘支柱数目可分为单柱式、双柱式和三柱式等。隔离开关型号示意如图 1.26 所示，常见隔离开关的特点及适用范围如表 1.1 和表 1.2 所示。

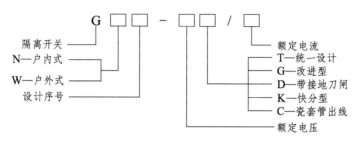

图 1.26　隔离开关型号示意图

表 1.1　常见户内型隔离开关

形　式	简　图	特　点	适 用 范 围
GNi、GN5		单极，600 A 以下，用钩棒操作	发电厂、变电所较少使用
GN2		三极，价格高于 GN6	屋内配电装置，成套高压开关柜
GN6 GN19		三极，可前后连接，可平装、立装、斜装，价格较便宜	屋内配电装置，成套高压开关柜
GN8		在 CN6 基础上，用绝缘套管代替支柱绝缘子	
GN10		单极，大电流 3 000~13 000 A，可手动、电动操作	大电流回路 发电机回路
GN11		三极，15 kV，200~600A，用手动操作	
GN18 GN22		三极，10 kV，大电流 2 000~3 000 A，机械锁紧	
GN14		单极插入式结构，带封闭罩，20 kV，大电流 10 000~13 000 A，电动操作	

表 1.2 常见户外型隔离开关

形 式	简 图	特 点	适 用 范 围
GW1、GW3		单极，10 kV 绝缘钩棒操作或手动操作	发电厂变电所目前已较少采用
GW2		三相操作，110 kV 及以下，闸刀可旋转	
GW4		220 kV 及以下，系列较全，双柱式，质量较小，可手动、电动操作	220 kV 及以下各型配电装置常用
GW5		35～111 kV，V 形，水平转动，可正装、斜装	常用于高型、硬母线布置及室内配电装置
GW6	GW₆—220 偏折 GW₆—330 对称折	220～500 kV，单柱，钳夹，可分相布置，220 kV 为偏折，330 kV 为对称折	多用于硬母线布置或作为母线隔离开关
GW7		220～500 kV，三柱式，中间水平转动，单相或三相操作，可分相布置	多用于 330 kV 及以上室外中型配电装置
GW8		35～110 kV，单极	专用于变压器中性点

1.3.3 隔离开关的结构与动作原理

GW4 型隔离开关是采用双柱水平旋转式结构的户外三相交流高压开关设备，其组成包括底架、支柱绝缘子和导电系统，不同的电压等级对应不同的额定电流。如图 1.27 所示为 GW4-126 型隔离开关单相结构。

当操动机构操作时，带动底架中部的传动轴旋转 180°，通过水平连杆，带动一侧的支持绝缘子（安装于转动杠杆上）旋转 90°，并借交叉连杆使另一侧支持绝缘子反向旋转 90°，于是两主闸刀及其中间触头实现合闸或分闸。接地刀闸的操动机构合分时，借助传动轴及水平固定杆，使地刀转轴旋转一个角度，从而使接地闸刀合闸或分闸。接地刀转轴上有由扇形板与紧固在瓷柱法兰上的弧形板组成的联锁，能确保主刀分—地刀合、地刀分—主刀合的正确动作顺序。

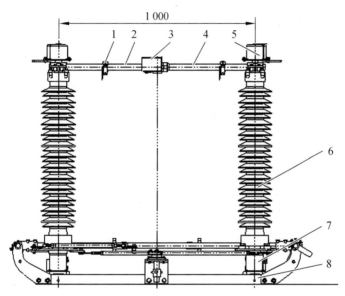

1—接地刀静触头；2—触头导电杆；3—防雨罩；4—触头导电杆；5—软连接接线座；
6—支柱绝缘子；7—轴承座；8—底架。

图 1.27　GW4-126 型隔离开关单相结构图

1.4　互感器

互感器是电力系统中的测量仪表，是继电保护等二次设备获取电气一次回路信息的传感器，是一次系统和二次系统的联络元件[6]。

1.4.1　互感器的作用

传统的互感器属于特种变压器，其主要作用包括：

（1）电流互感器将交流大电流变成小电流（5 A 或 1 A），供电给测量仪表和保护装置的电流线圈，而电压互感器将交流高电压变成低电压（110 V 或 $100\sqrt{3}$ V），供电给测量仪表和保护装置的电压线圈，使测量仪表和保护装置标准化和小型化；

（2）使二次回路可采用低电压、小电流控制电缆，实现远方测量和控制；

（3）使二次回路不受一次回路限制，接线灵活，维护、调试方便；

（4）使二次设备与高压部分隔离，且互感器二次侧均接地，从而保证设备和人身安全。

1.4.2　互感器的分类

互感器包括电流互感器和电压互感器两大类，结构上主要是电磁式的，如图 1.28、1.29 所示。

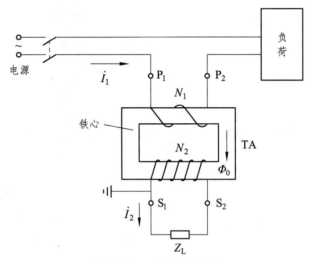

图 1.28　电流互感器

电磁式电流互感器在电力系统中应用广泛，工作原理与变压器类似，其特点有：① 一次绕组串联在电路中，且匝数少，故一次绕组中的电流取决于被测电路的负荷电流，而与二次侧电流大小无关；② 二次绕组所接仪表的电流线圈阻抗小，故正常情况下电流互感器在近于短路状态下运行。

电磁式电压互感器在电力系统中同样得到广泛应用，工作原理与变压器类似，其特点有：① 容量很小，类似于一台小容量变压器，但结构上要求有较高的安全系数；② 二次绕组所接仪表的电压线圈阻抗大，故正常情况下电流互感器在近于空载状态下运行；③ 一次绕组并联在电路中，且匝数多；二次绕组与测量仪表或继电器电压线圈并联，匝数较少。

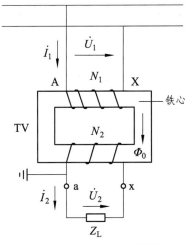

图 1.29　电压互感器

1.4.3　电子式互感器

近年来，随着智能电网建设的高速发展，电子式互感器作为介于智能化一次设备和网络化二次设备之间的关键设备，被重点研发、测试与应用。以电子式互感器取代传统互感器，以数字信号采集取代传统的模拟量采集，通过光纤、通信线组成数字化网络，实现精确测量、智能控制和保护，是必然的发展趋势。

根据国际电工委员会(IEC)制定的关于电子式电压互感器的标准 IEC 60044-7 和电子式电流互感器的标准 IEC 60044-8，电子式互感器具有模拟量输出或数字量输出的功能，可供频率 15 ~ 100 Hz 的电气测量仪器和继电保护装置使用。电子式互感器具有诸多优点，包括：高低压完全隔离，安全性高，绝缘性能好，不存在磁饱和及铁磁谐振问题，抗电磁干扰性能好，低压侧无开路高压危险，动态范围大，测量精度高，频率响应范围宽，不会因充油而存在的易燃、易爆的危险，体积小，重量轻等。近年来，电子式互感器生产制造技术日趋成熟，已有越来越多的产品得到实际应用。

电子式互感器通常由传感模块和合并单元两部分构成，前者安装于高压一次侧，负责采集、调理一次电压/电流并将其转换为数字信号；后者安装在二次侧，负责对各相传感模块传来的信号做同步合并处理。

根据一次传感器部分是否需要提供电源，电子式互感器可分为有源式和无源式，其具体分类如图 1.30 和图 1.31 所示。有源式电子式互感器的一次传感器部分基于电磁测量原理工作，由一次转换器将一次传感器输出的电信号转换为光信号后，通过光纤传输系统送出去，一次转换器是电子电路，需要电源供电。无源式电子式互感器的一次传感器部分基于光学原理工作，其光纤传输系统可以直接将光测量信号送出去，不需要转换器，也就不需要电源。

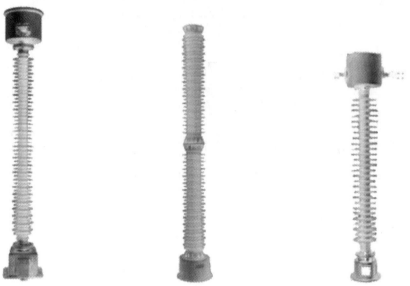

（a）220 kV 电子式电流互感器 （b）220 kV 电子式电压互感器 （c）110 kV 电子式电流互感器

（d）110 kV 电子式电压互感器（e）110 kV 电子式电流电压互感器（f）35 kV 电子式电流互感器

（g）35 kV 电子式电压互感 　　　　　　（h）10 kV 电子式电流互感器

图 1.30　电子式互感器

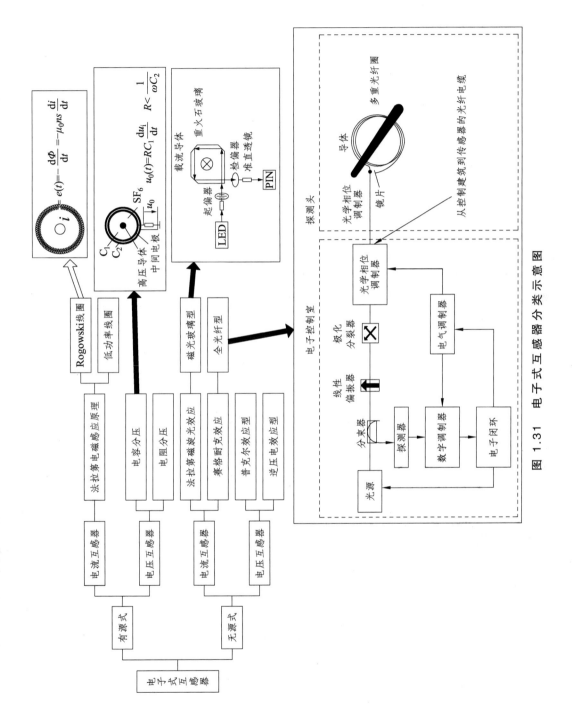

图 1.31　电子式互感器分类示意图

有源式电子互感器（见图 1.32）的原理简单，目前对其研究已较为深入，相关产品较为成熟。无源式电子互感器（见图 1.33）的优点是传感器部分不需要复杂的供电电源，系统线性度较好；缺点是传感器部分有复杂而不稳定的光学系统，容易受到多种环境因素的影响，不利于准确测量，技术难度较大。

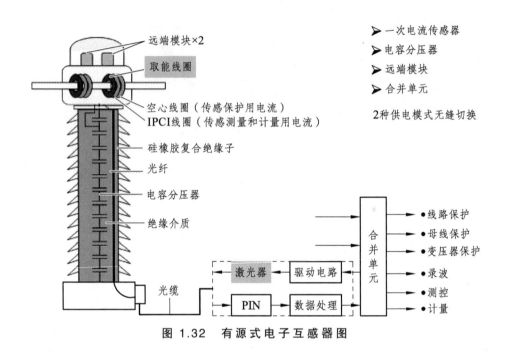

图 1.32　有源式电子互感器图

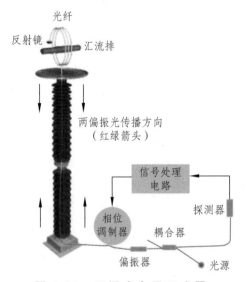

图 1.33　无源式电子互感器

1.5　变电站一次设备检修

1.5.1　变压器检修

变压器检修按照吊芯与否可以分为小修和大修两大类[7]。

1. 小修

小修是指不吊芯或不吊开钟罩的检查和修理。一般情况下，变压器小修周期是每年至少一次，环境特别恶劣的地区可缩短检修周期。小修项目如表 1.3 所示。

表 1.3　变压器小修项目

序号	小修项目
1	检查和清除变压器外观缺陷，并进行全面清扫工作
2	检查储油柜的油位，放出积油器的污油及水分
3	检查安全气道、防爆膜有无破损
4	检查套管密封、套管引出线接头情况，清扫套管和调整套管的油位，检查紧固螺栓是否松动
5	检查气体继电器和测温装置
6	检查和调整分接开关，并试操作
7	检查散热器的风扇及控制系统
8	补充变压器和套管中的油
9	检查接地装置是否接地良好
10	检查各焊缝和密封处有无渗漏油情况
11	油箱及附件检修、涂漆
12	测量上层油温的温度计应拆下进行校验
13	检查所有阀门的动作和开闭情况
14	进行例行的测量和试验、记录

2. 大修

大修是指变压器吊芯或吊开钟罩的检查和修理。正常运行的主要变压器在投运后的第 5 年内和以后每 5～10 年内应吊芯大修一次；一般变压器及线路配电变压器如果未曾过载运行，一般可 10 年大修一次；对于新安装的变压器或运输后变压器投入运行满 1 年时，均应吊芯检修一次，以后每隔 5～10 年大修一次；当发现运行变压器有异常情况，判断油箱内有故障时，应提前大修；如果变压器运行和维护良好，经综合诊断分析均良好，由相关技术负责人批准后，也可适当延长大修周期。大修项目如表 1.4 所示。

表 1.4　变压器大修项目

序号	大修项目
1	大修前的各项试验及变压器油化验工作
2	检查绕组和铁心，并处理其缺陷
3	检查分接开关（无励磁的和有载的分接开关）夹件、围屏，处理缺陷
4	检修套管和更换所有密封垫
5	检修箱壳及附件
6	检修冷却系统（如风扇、油泵等）
7	检修测量仪表及信号装置，如电接点式温度计、电阻式遥测温度计、水银温度计等
8	清理油箱，处理渗漏及喷漆工作
9	滤油或换油
10	变压器总装配
11	变压器干燥
12	试验和变压器投入运行

此外，当变压器临时发生故障时，有可能随时决定吊芯或吊开钟罩进行检修。故障变压器的检修包括外部检查和电气实验检查。

（1）变压器外部检查内容如表 1.5 所示。

表 1.5　变压器外部检查内容

序号	外部检查内容
1	检查储油柜的油面是否正常
2	安全气道的防爆膜是否爆破
3	套管有无炸裂
4	变压器外壳温度是否正常
5	油箱有无渗漏油
6	一次侧引线是否松动，有无发热现象
7	根据仪表指示和运行记录进行分析
8	根据气体继电器动作情况，收集气样，根据气体是否可燃和颜色进行分析。如果气体呈黄色，不燃烧，则是木质材料过热；如果气体呈淡灰色，有强烈臭味，则是绝缘纸过热；如果气体呈灰色或黑色，气体易燃，则是变压油过热故障
9	根据差动保护的动作，配合试验进行深入分析

（2）变压器电气试验检查内容如表 1.6 所示。

表 1.6　变压器电气试验检查内容

序号	电气试验检查内容
1	绝缘电阻测试。根据试验规程要求选用电压等级合适的兆欧表进行测试，一、二次引线连接拆开，必要时中性点也打开。如果测试的绝缘电阻值很低，则说明有接地故障；如果测出的绝缘电阻值小于上次测量的 70%，且吸收比（60 s 的绝缘电阻与 15 s 的比值）低于 1.3，则说明变压器已受潮
2	绝缘油样化验。从气体继电器取出的气样和从变压器油箱内取出的油样进行化验分析，判别故障原因和性质。有条件时要做气相色谱分析，检查变压器的潜伏性故障
3	电压比测定。测出电压比可以判定分接开关有无故障以及绕组匝间有无短路故障。如果认定是绕组匝间短路，可分别测试每相的相电压比，确定出某一相之后，再打开箱盖进一步检查匝间短路故障的准确部位
4	绕组直流电阻测定。测量绕组直流电阻可以查出焊接故障以及绕组断路、短路、分接开关、引线断路等故障。为了查明故障点，应将绕组连接线打开，测量每相的直流电阻值。三相直流电阻值大于 5% 时，并与上次测得的数据相差 2%～3%，可以判定是绕组有故障
5	直流泄漏和交流耐压试验。变压器做外施耐压之前应先做直流泄漏试验，如果变压器存在缺陷，能在直流泄漏试验中表现出来，可避免先做外施耐压试验变压器绝缘被击穿的可能。查找故障时，尽可能在非破坏情况下查出。如果直流泄漏试验检查不出故障时，再做外施耐压试验
6	空载试验。通过空载试验，可以看出三相空载损耗和三相空载电流是否平衡和过大，从而发现变压器的故障。为了进一步查出故障相，三相变压器还可以做分相空载试验

1.5.2　SF₆ 断路器检修

1. SF₆ 断路器本体大修要求

（1）解体检修前，应详细核对图纸，弄清气室分隔情况，气体回收的部位，对于应停电的范围，需要制订详细的施工方案，做好一切安全措施。

（2）解体大修应在晴天、相对湿度小于 80% 的天气进行。每天工作结束要封盖，工作前后要清扫现场，如有条件，工作时可用热风装置向 GIS内通风，以保持内部干燥，零部件来不及装回时，应用干燥的塑料布包好，放在烘房内保管。

（3）更换吸附剂时，必须防止吸附剂与空气中的水分接触，因此不允许长时间暴露在空气中，一般应在空气相对湿度小于 80%、时间不超过 30 min 较合适。更换吸附剂时，可在断路器其他部件组装完之后、涂抹密封胶前进行，并以最快的速度更换。

（4）检修灭弧室时，主要检查弧触头、弧触指及喷口的电弧灼伤程度，并按制造厂的有关规定更换。定开距结构的灭弧室应把整个灭弧装置取出，然后进行分解检查，如更换喷口，则应重新调整喷口中心度并应测定喷口开距；变开距结构的灭弧室可用专用工具把灭弧触头及喷口取出并进行检查更换，通常无须把整个灭弧装置取出。

（5）解体检查后的组装应按照制造厂有关技术条件执行，整个工作要特别注意以下两点：一是要仔细清洗，要防止灰尘、水分、纤维侵入，防止异物遗留在内部，工作人员严禁戴手套工作，可使用厂家提供的专用手套和无毛纸；二是每次要有复查，复查工作应指定专人负责，特别要复查内部螺丝的紧固情况，最后由负责人进行最终检查。

（6）断路器组装完毕后，及时进行抽真空干燥处理，抽真空时应注意：

① 抽真空必须由专人监视真空泵的运转情况，严禁运转中停电、停泵，若遇停电、停泵时，应迅速关闭阀门。

② 当抽真空达到绝对压力读数为 133 Pa 之后开始计算时间，维持真空泵继续运行至少 30 min，然后停泵。随后，静置 30 min 后才能读取绝对压力值，再静置 5 h 以上，第二次读取压力值，两次压力值之差小于 67 Pa 为合格，否则要查找漏气点。

③ 气体回收并抽真空后，至少要用高纯度氮气充洗 2~3 次，且每次排放氮气后均应抽真空，每次充氮气压力与 SF_6 额定压力相同。

（7）在工作现场使用各种比较常用的密封性检验方法进行检漏之前，都必须清除有关检漏点的油脂、脏污，吹扫残存的 SF_6 气体，以免检测结果出现误差。

（8）检修人员使用安全防护用品时应注意下列事项：

① 应使用专用的防护服、防毒面具、氧气呼吸器、防护眼镜等。

② 必须使用符合现行国标《劳动防护用品选用规则》规定并经国家相应的质检部门检测，具有生产许可证及编号标志产品合格的安全防护用品。

③ 凡使用专用防毒面具和氧气呼吸器的人员必须先进行身体检查，尤其是要检查心脏和肺功能，功能不正常者不能使用上述用品。

④　操作人员在佩戴上述专用防护用品操作过程中应有专人在现场监护。

（9）充注 SF_6 气体时，应注意 SF_6 气体压力-温度曲线的应用方法。注意实际气体温度和环境温度的区别。

2．大修项目

SF_6 断路器大修项目如表 1.7 所示。

表 1.7　SF_6 断路器大修项目

序 号	大修项目
1	吸附剂更换、SF_6 气体回收处理
2	导电回路解体检修或部件更换
3	支柱装配、灭弧部分解体检修
4	并联电阻检修、试验
5	并联电容检查、试验
6	主轴装配部分解体检修
7	密封部分解体检修
8	缓冲件检修或更换
9	操作机构检修
10	压力表、密度表、压力继电器、密度继电器等校验
11	修前、修后各种电气和机械特性测量、调整和试验
12	清扫、除锈、刷漆等其他项目

3．小修项目

SF_6 断路器小修项目如表 1.8 所示。

表 1.8　SF_6 断路器小修项目

序 号	小修项目
1	外观检查并清扫断路器本体和辅助设备
2	检查并紧固压力表或密度表及各密封部位
3	检查操作机构和部件的磨损情况，在转动和摩擦部位加润滑油，紧固有关螺栓
4	检查辅助开关的转动和接触情况
5	检查并紧固电气控制回路的端子，测量绝缘电阻
6	各种有关的电气和机械特性测量、调整和试验
7	检查闭锁、防"跳跃"等辅助控制装置的动作特性

4. SF_6 断路器试验项目

SF_6 断路器试验项目如表 1.9 所示。

表 1.9　SF_6 断路器试验项目

序号	试验项目
1	测量 SF_6 断路器内 SF_6 气体的含水量。规定新装或解体大修换气的 SF_6 断路器，每三个月测试一次，含水量下降并稳定后，每年测试一次。灭弧室及其相通气室含水量要求为：在交接及大修后，要求不大于 150×10^{-6}（体积比），而运行中，允许最大值为 300×10^{-6}（体积比）。若存在部分气室不与灭弧室相连的情况，交接和大修后其含水量可放宽到 250×10^{-6}（体积比），运行中允许最大值为 500×10^{-6}（体积比）
2	SF_6 气体泄漏试验。断路器的绝缘试验及开断能力试验都是在 SF_6 的最低允许气压下进行的，当气体的年漏气率不太高时（一般规定年漏率为 1%），可长达十年不修
3	断路器交流耐压试验。试验时，取产品技术条件规定的试验电压值的 80% 作为现场试验的耐压值。在做交流耐压试验时，升压过程中断路器内部如有微量杂质或毛刺存在时，可能会发生所谓老炼试验性闪络，即在未达到规定试验电压值前试验电源跳闸，这是允许的，故交流耐压需递增加压，先升到相电压，停留 15 min，之后再升压到规定值下耐压 1 min，若能通过，表明杂质或毛刺已经被消除，断路器通过了交流耐压试验
4	测量瓷柱断路器断口间并联电容器电容值和介质损耗因数。瓷柱式 SF_6 断路器断口间的并联电容能使断口间的电压分布均匀，因此，其容值偏差不宜过大，以 ±5% 为宜。灌式断路器的断口间并联电容装于 SF_6 气体的灌体内，一般采用陶瓷式电容器替代，故按制造厂规定仅测电容值
5	测量合闸电阻。合闸电阻都是碳质烧结电阻片，通流能力较大，以合闸于反相或合闸于出口故障的工作条件最为严重，多次通流后特性变坏，影响功能，需监视其值变化，测量可用电桥，标准为不大于额定值的 ±5%
6	合闸电阻有效接入时间。合闸电阻有效接入时间一般为 8～10 ms，合闸电阻有效接入时间是从辅助触头刚接通到主触头闭合的一段时间

1.5.3　隔离开关检修

1. 隔离开关的试验及检查项目

隔离开关的试验项目如表 1.10 所示。

表 1.10　隔离开关的试验项目

序号	试验项目
1	导电主回路试验。现场主要是测量主回路直流电阻。采用直流压降法测量，电流值不小于 100 A，测量值不大于制造厂规定值的 1.5 倍
2	绝缘结构试验。主要包括支持绝缘子及提升杆绝缘、主回路对地绝缘、相间绝缘和断口间绝缘试验
3	交流耐压试验。整体或胶合元件的交流耐压试验：对各胶合元件进行耐压试验的试验电压如表 1.11 所示；二次回路交流耐压试验：外施试验电压为 2 kV，试验过程中无异常可认为合格
4	测量最低动作电压。测量合闸线圈的最低动作电压时，将试验电压从零升起，逐渐加大电压值，直到接触器起动，并使触头闭合为止，读取这个电压值，即为合闸的最低动作电压
5	检查操作机构的动作情况。具体要求是：① 电动、气动或液压操作机构在额定操作源压下分合闸 5 次，动作正常，其中包括主闸刀和接地刀闸均应动作正常；② 手动操作机构操作时应灵活、无卡阻现象；③ 电气或机械闭锁装置应准确可靠

表 1.11　隔离开关的交流实验电压值　　　　单位：kV

系统标称电压	3	6	10	20	35	66	110
设备最高电压	3.6	7.2	12	24	40.5	72.5	126
交流实验电压（1 min）	27	36	49	79	118	197	255

2. 隔离开关在运行中的常见故障及处理

1）触头发热

（1）触指弹簧性能指标不好。

由于隔离开关运行时，长期处于合闸状态，会使触指弹簧长期处于拉伸状态。如果弹簧性能指标达不到要求，则容易使触头与触指间接触压力减小，接触电阻增大，接触处发热导致温度升高，进而使弹簧受热，弹性指标继续降低。如此恶性循环，将最终使得弹簧失去弹性，导致接触电阻增大，温度急剧升高，烧损隔离开关触头。

处理方法主要是加强监视，尽可能利用停电机会，检查隔离开关导电回路的各个接触点，特别是触头与触指接触面处是否有过热、烧损现象。同时要重点检查弹簧是否有疲劳现象：先检查弹簧外观，无异常后，用手捏两端的触指，看其弹性如何，若弹簧失去弹性，则应进行更换。判别触指弹簧性能好坏的标准是：外观无锈蚀、无过热、不变形，拉伸有弹性，其拉力及外形尺寸应符合要求。

（2）触指定位端子与触指座接触不良。

当隔离开关的触指弹簧性能减弱时，触指尾部可能窜位，定位端子不易进槽，以致带负荷运行时，触指与触指座因接触不良而过热，最终导致触指烧损。

处理方法包括加强巡视和改进触指座。要加强对运行中的隔离开关特别是投运时间较长的隔离开关的巡视，发现触头过热要及时处理。对于不能停电的设备，应采取降低出力或改变运行方式的办法尽量减少发热，同时在每一个触指上增加一个固定的软导电带，一端与触指座固定，另一端与触指固定，这样无论在什么情况下均有可靠的导电回路，在条件允许时再进行停电处理；在触指座两侧各增加一个凸台，在不影响触指活动范围的情况下能起到阻挡触指越出定位点的作用，当触头与触指发生碰撞时，保证触指不会发生位移。

2）支持和操作绝缘子故障

（1）外绝缘闪络。

隔离开关外绝缘闪络主要发生在棒式绝缘子上。造成外绝缘闪络的原因主要是瓷柱的爬电距离和对地绝缘距离不够。同时，瓷柱表面积尘太多，也是发生闪络的重要原因之一。防护措施一是加强维护，定期对绝缘子检查和清扫；二是开发新型瓷柱以增加爬电距离和瓷柱高度，提高整体绝缘水平。

（2）瓷柱断裂。

瓷柱断裂将引起设备停电，严重的将导致接地或短路事故，给电力安全生产带来严重的威胁。综上所述，防止瓷柱断裂的措施有：改进工艺，提高制造质量，采用高强度瓷柱，加强检测和维护。

3）锈蚀现象

由于隔离开关长期暴露在大气中，各转动部位和传动部位的锈蚀现象比较严重。要解决锈蚀现象主要从如下几个方面着手：一是制造厂家对设备及时进行改进；二是用户要加大现场维护的力度；三是对现场设备加以改进。

4）操作系统故障

隔离开关的操作主要有手动、压缩空气、液压和电动等几种形式。机构故障在实际工作中比较常见，如液压系统由于渗漏油引起的电机频繁启动甚至不能正常建压、电动操作机构的回路断线或线圈因受潮致使绝缘击穿等。在实际工作中，应根据实际情况进行分析和处理。

1.5.4　互感器检修

互感器在运行过程中，由于受各种因素的影响，可能发生渗漏油，设备一旦出现渗油、漏油，必须迅速采取相应措施及时进行修理，并应针对不同问题，采取不同对策。

1. 互感器密封渗漏油

首先要观察密封垫状态。如果密封垫压缩的厚度不等，即使相差较大，但密封垫的弹性和强度都很好时，可先将压缩量大的相应部位的螺栓适当放松，然后将压缩量小的相应部位的螺栓适当拧紧，调整合适后再交叉均匀地反复紧固螺栓，这样可以解决因紧固方法不当而造成的密封渗漏油。

如按上述操作仍旧漏油，则可能是由密封面加工不良、密封面被磕碰或密封面上有杂质等原因所导致的，这就需要把渗漏的密封垫拆卸开，检查密封面并进行相应处理。

如果密封垫体积增大，弹性和强度减弱，则是由于密封垫抗变压器油性能差，需及时更换。

2. 材质不良或焊接渗漏油

若铸铝储油柜渗漏油，可以采用电焊或环氧树脂堵漏等方式。若渗油严重，堵漏有困难，则应更换相应部件。

若油箱、箱底的焊缝渗油，可采用电焊堵漏。但需要注意的是，变压器油在高温下将分解出 C_2H_2 和其他气体，对产品进行油的色谱分析时，无法区别所述气体是因内部故障，还是因补焊局部过热造成的。为此，在设备补焊后应及时更换变压器油，并在第一次换后的二至三天再更换一次。

若金属膨胀器漏油，无论是波纹式膨胀器还是盒式膨胀器，都应及时更换，并按有关规定补油。

第 2 章　电力系统通信网络

2.1　电力通信网络的作用及构成

2.1.1　电力通信网络的作用

电力通信系统是满足现代化电力系统管理、运行及维修所需的一种现代化电力信息交换与传输系统。电力系统通信网络又称电力通信网络，是实现多点之间互通信息的通信系统，是电力系统专用业务通信服务网，是建立在电网之上组成电力系统的另一个实体网络[8]。其主要作用是传输以下信息：

（1）调度电话、行政电话；

（2）继保、安控、调度自动化、调度实时控制信息；

（3）客户服务中心、营销系统、地理信息系统；

（4）人力资源管理系统、办公自动化系统、企业资源计划。

2.1.2　电力通信网络的基本结构

电力通信网络主要由传输线路、交换设备及终端设备三部分组成[9]，以最基本的点对点通信为例，其中主要包括信源、发送设备、信道、噪声源、接收设备和信宿等模块，如图 2.1 所示。

图 2.1　通信系统一般模型

图 2.1 中，信源（信息源，也称发终端）的作用是把待传输的消息转

换成原始电信号，如电话系统中电话机可看成信源。发送设备的功能是将信源产生的原始电信号变换成适合在信道中传输的信号。信道是信号传输的通道，可以是有线的，也可以是无线的，甚至还可以包含某些设备。信道中的有线传输通道包括：架空明线、同轴电缆、光导纤维、波导；无线传输通道包括：短波、微波、卫星。噪声源是信道中的所有噪声以及分散在通信系统中其他各处噪声的集合。接收设备与发送设备相反，其主要实现信号的解调、译码、解码等，将带有干扰的接收信号恢复成对应的原始电信号。信宿（受信者，也称收终端）的作用是将接收设备的原始电信号转换成相应的信息，如电话机将对方传来的电信号还原成了声音。电力通信网络一般结构中，主要的技术设备包含通信电源、传输设备、接入设备、交换设备、配线设备以及数通设备等。

　　电力通信网络主要架构是：骨干通信网覆盖所有区域的电网，终端通信接入网负责管理局域的小部分电网，并接入骨干通信网中。国家电网有限公司（以下简称国家电网公司）通信骨干网的网络层次结构分为四级，终端通信接入网分为两级[10]，如图 2.2 所示。

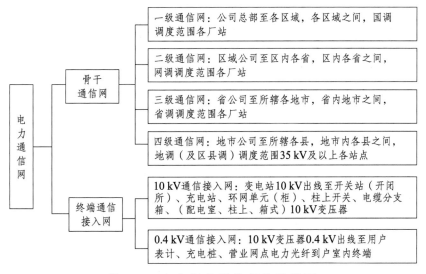

图 2.2　电力通信网络架构示意图

　　（1）骨干通信网由跨区、区域、省、地市（含区县）共 4 级通信网络组成，涵盖 35 kV 及以上电网厂站及电网系统内各类生产办公场所。

　　（2）终端通信接入网由 10 kV 通信接入网和 0.4 kV 通信接入网两部分组成，分别涵盖 10 kV（含 6 kV、20 kV）和 0.4 kV 电网。10 kV 通信接入网包括变电站 10 kV（6 kV、20 kV）出线至配电网开关站、配电室、环网单元、柱上开关、配电变压器、分布式电源站点、电动汽车充换电站的通信网络。0.4 kV 通信接入网由用电信息采集终端、室内用电交互终端、电动汽车充电桩等通信站点组成。

2.2 电力通信业务分类

电力通信业务主要可以分为电网运行业务和企业管理业务两大部分，如图 2.3 所示。电网运行业务包括：主网运行控制业务、主网运行信息业务；企业管理业务包括：管理信息业务、管理办公业务。

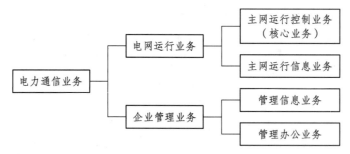

图 2.3 电力通信业务分类示意图

主网运行控制业务作为电网控制的核心环节，直接关系到电网安全运行，由于此类业务对通信传输时延、通道可靠性要求极高，目前主要使用电力通信专网。主网运行控制业务分类如图 2.4 所示。

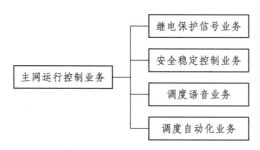

图 2.4 主网运行控制业务分类示意图

（1）继电保护信号业务：指高压输电线路继电保护装置间传递电网安全运行所必需的远方信号，要求通信时延在 12 ms 以内，对通信通道路由、使用技术有严格要求，通信方式安排不当会导致继电保护误动。通信通道中断要求立即响应，必须立即处理。继电保护业务主要采用复用 2M 电路、专用光纤芯、电力载波高频保护。从通信模式来看，继电保护通道属于厂站间通信，典型的点对点分散式模式，不会在某一点产生极大的带宽需求。

（2）安全稳定控制业务：是通过由 2 个及以上的安全稳定控制装置利用通信设备联络构成的系统切机、切负荷，实现区域或更大范围的电力系统的稳定控制，是确保电力系统安全稳定运行的第二道防线，要求通信传输时延小于 30 ms，通信误码率为不大于 10^{-8}，带宽需求为 64 kb/s ~ 2 Mb/s，对通信的可靠性要求极高。安全稳定控制业务主要采用光通信 2M 电路。从通信模式来看，安全稳定通道属于厂站间通信，是典型的汇聚式模式，目前国网公司有少部分高压电网应用了此种业务，不会在某一点产生极大的带宽需求。

（3）调度语音业务：即调整电话业务。调度电话是根据电力调度建设的专用独立电话通道，它可以实现系统调度并有效地指挥生产，具备实时录音及事后放音分析的功能。调度语音业务通道要优先分配，具有专用性、可靠性，并配有备份电路。对于电力调度电话，有高度的可靠性要求，在正常情况下、恶劣的气候条件下和电力系统发生事故时，均要保证电话畅通。调度电话要求通信时延在 300 ms 以内，通信误码率不大于 10^{-8}，带宽需求为 64 kb/s ~ 2 Mb/s。从通信模式来看，主要为调度机构和厂站间的通信，为典型的汇聚式模式，会对主站端产生比较大的带宽需求。在功能方面除具备普通电话的通话功能外，一般还具备其他一些特殊功能。目前国网公司变电站基本都部署了调度电话，通道需求数量极大。

（4）调度自动化业务：包括调度自动化、电能计量系统、功角测量系统、保护故障录波信息及雷电定位系统等。其中，调度自动化系统仍然是电力调度最基础、最关键的业务。

调度自动化业务提供用于电网运行状态实时监视和控制的数据信息，实现电网控制、数据采集等电网高级应用软件的一系列功能。要求通信时延在 100 ms 以内，通信误码率不大于 10^{-8}，带宽需求为 64 kb/s ~ 2 Mb/s，对通信的可靠性要求极高。调度自动化业务主要采用光通信 2M 电路、调度数据网、电力载波等技术，在发生自然灾害等应急情况下，部分重要场站与调度中心之间还会采用卫星通信或公网通信作为备用手段，但只能保证调度自动化的"两遥"功能（遥信、遥测）。从通信模式来看，主要为调度主站系统和厂站间的通信，为典型的汇聚式模式，会对主站端产生比较大的带宽需求。目前国网公司变电站基本都部署了调度自动化系统，通道需求数量极大。

2.3　电力通信关键技术

2.3.1　光纤通信

目前，光纤通信技术主要有同步数字体系、光传送网、分组传送网、无源光网络、自动光交换网络等。其中，同步数字体系、光传送网、分组传送网适用于骨干通信网，无源光网络适用于终端通信接入网。

1. 同步数字体系

同步数字体系（SDH，Synchronous Digital Hierarchy）规范了数字信号的帧结构、复用方式、传输速率等级、接口码型特性，提供了一个国际支持框架，在此基础上发展并建成了一种灵活、可靠、便于管理的世界电信传输网[11]。

SDH 采用的信息结构等级称为同步传送模块 STM-N（Synchronous Transport Mode N=1、4、16、64），最基本的模块为 STM-1，四个 STM-1 模块字节间插复用构成 STM-4，16 个 STM-1 或四个 STM-4 同步复用构成 STM-16，四个 STM-16 同步复用构成 STM-64。SDH 的帧传输时按由左到右、由上到下的顺序排成串型码流依次传输，每帧传输时间为 125 μs，每秒传输 8 000 帧，对 STM-1 而言每帧比特数为 $8 \times (9 \times 270 \times 1)$=19 440 bit，则 STM-1 的传输速率为 19 440×8 000=155.520 Mb/s；而 STM-4 的传输速率为 4×155.520=622.080 Mb/s。

在电网中，SDH 网络主要承载继电保护、安全自动装置、调度自动化、调度交换、行政交换、信息内外网、电视电话会议等中低带宽业务。

2. OTN

光传送网（OTN，Optical Transport Network）主要是以波分复用技术为基础，在光层组织网络的传送网，是下一代的骨干传送网。OTN 是通过 G.872、G.709、G.798 等一系列 ITU-T 的建议所规范的新一代"数字传送体系"和"光传送体系",将解决传统波分复用网络无波长/子波长业务调度能力差、组网能力弱、保护能力弱等问题。

OTN 承载综合数据网、调度数据网、变电站智能监控等大颗粒业务。

3. 分组传送网

分组传送网(PTN,Packet Transport Network)是一种光传送网络架构和具体技术在 IP 业务和底层光传输媒质之间设置的一个网络,它针对分组业务流量的突发性和统计复用传送的要求而设计,以分组业务为核心并支持多业务提供,具有更低的总体使用成本。同时具有光传输的传统优势,包括高可用性和可靠性、高效的带宽管理机制和流量工程、便捷的操作维护管理和网管、可扩展性、较高的安全性等。

4. 无源光网络

无源光网络(PON,Passive Optical Network)是一种基于点到多点拓扑的技术,是一种应用于接入网、局端设备与多个用户端设备之间通过无源光缆、光分/合路器和光分配网连接的网络。目前,电网运用最为广泛的是以太网无源光网络,随着电网业务的发展和规模的扩大,宽带无源光综合接入技术等大容量光接入技术将得到应用。

5. 自动光交换网络

自动光交换网络(ASON,Automatically Switched Optical Network)是一种由用户动态发起业务请求,自动选路,并由信令控制连接的建立和拆除,能自动、动态地完成网络连接,融合交换和传送为一体的新一代光网络。

2.3.2　数据网络

调度数据网主要承载调度自动化、电能计量系统、功角测量系统等调度自动化业务。调度数据网根据组网规模可采用分层结构,大规模分为三层:核心、汇聚、接入;中规模分为两层:核心和接入;小规模不分层。

综合数据网通过 2.5G SDH、2.5G 或 10G 波分光路以及专用纤芯组网,用于传送办公自动化、电力营销、财务管理、人力资源等业务。一般来说,根据电力系统建设规模,综合数据网的结构会有所不同,大规模的为多层架构,中规模的为两层网络结构(骨干网和省地市网),小规模的为单层结构。

2.3.3　交换技术

电话交换系统主要由调度交换系统与行政交换系统组成，根据网络规模可采用分层结构和不分层结构。网络由交换节点及电力通信专用传输链路构成，并采用数字中继、信令方式进行组网。以省级电网公司为例，由各地市供电公司配备两套独立的程控交换机分别用于办公行政与调度使用，各地市供电公司之间的程控交换机采用 $2 \times 2M$ 电路互连，组成公司系统的电话交换系统。

2.3.4　电视电话会议

电视电话会议系统包括电话会议系统、会议电视系统和一体化会议系统三种。以国家电网公司为例，召开电视电话会议时，会议电视系统和电话会议系统同时运行，电话会议系统作为会议电视系统的音频。会议电视系统包括公司级和部门级两种平台。一体化电视电话会议系统包括基于视频 VPN 的网络硬视频系统和基于信息内网的软视频系统。

2.3.5　通信电源

通信电源系统主要由交流供电系统、直流供电系统和接地系统组成，并通过智能设备实现通信电源集中监控。

500 kV/330 kV 的超/特高压变电站采用独立通信电源为通信设备提供直流电源；220 kV 及以下变电站通信电源宜由站内一体化电源系统实现。

2.4　OptiX OSN 3500 智能光传输设备

2.4.1　设备介绍

1. 硬件

OptiX OSN 3500 是华为开发的 OSN 系列 SDH 光传输设备[12]，同系列的还有 OSN 1500A、OSN 1500B 和 OSN 2500。OSN 3500 作为新一代智能光传输设备，主要应用在城域网络中的汇聚层，采用统一交换架构，实现了在同一个平台上高效传送语音和数据业务，为现有 SDH 设备向智能光网络设备过渡提供了完善的解决方案。

OSN 3500 设备安装在 ETSI（European Telecommunications Standards Institute）机柜中，外形如图 2.5 和图 2.6 所示。

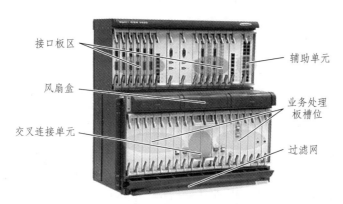

图 2.5　OSN 3500 设备

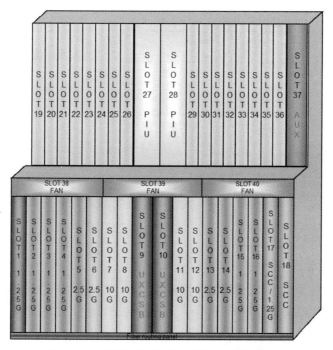

图 2.6　OSN 3500 接口区与背板槽位

2. 软件

OSN 3500 系统的软件系统为模块化结构，如图 2.7 所示，除可独立运行的智能软件系统外，基本可以分单板软件、主机软件、网管系统三个模块，各模块分别驻留在各单板、主控板、网管计算机上运行，完成相应的功能。

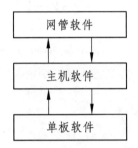

图 2.7　OptiX OSN 3500 软件系统总体结构

智能软件包含在主机软件中，使用需要专门的 license，可以单独被开启和关闭。智能部分的软件是在业务平面的软件之上架构一个控制平面，通过和业务平面的交互，实现业务的自动配置以及基于用户层次的业务保护。智能控制平面和业务平面的关系如图 2.8 所示。

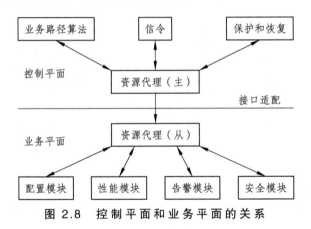

图 2.8　控制平面和业务平面的关系

业务平面可以完成 OSN 3500 系统业务配置管理以及基于 SDH 的保护功能，控制平面相当于业务平面的一个客户。通过定义一系列的服务接口，控制平面和业务平面的资源代理相互作用，获取本网元(网元是网络管理中可以监视和管理的最小单位，由一个或多个机盘或机框组成，能够独立完成一定的传输功能)的资源使用情况并进行功能指配。

主机软件实现管理、监视和控制网元中各单板的运行状况，同时作为网络管理系统和单板之间的通信服务单元，实现网管系统对网元的控制和管理。主机软件在电信管理网中属于单元管理层，实现的功能包括网元功能、部分协调功能、网络单元层的操作系统功能。由数据通信功能完成网元与其他构件（包括协调设备、网管、其他网元等）的通信功能。

单板软件运行于各单板之上，完成单板的管理功能，管理、监视和控制本单板的运行。接收处理主机软件的下发命令，并将单板运行状态通过性能、告警事件通知主机软件。单板软件的功能包括：告警管理、性能管理、配置管理以及通信管理等。在相应单板上完成对各种功能电路的直接控制，实现网元设备符合 ITU-T 建议的特定功能，支持主机软件对各单板的管理。设备的单板软件主要分为线路软件、支路软件、交叉软件、时钟软件和公务软件几类。

网络管理系统对光传送网进行统一管理，并维护整个网络上的所有 ION、SDH、Metro、DWDM 网元设备。它符合 ITU-T 建议，采用标准的管理信息模型和面向对象管理技术。通过通信模块与网元主机软件交换信息，实现对网络上设备的监控和管理。网管软件运行于工作站或 PC 机上，实现对设备及网络的管理。网管软件首先具备传输设备操作维护功能，还提供对传输网络进行管理的能力。网管软件的管理功能包括以下几点：

（1）告警管理：可实现告警的实时收集、提示、过滤、浏览、确认、核对、清除、统计，以及告警插入、告警相关性分析、故障诊断等。

（2）性能管理：可实现性能监视的设置、性能数据的浏览、分析、打印，以及性能的中长期预测、复位性能寄存器等。

（3）配置管理：可实现接口、时钟、业务、路径、子网、时间等的配置和管理。

（4）安全管理：可实现对设备的网管用户管理、网元用户管理、网元登录管理、网元登录锁定、网元设置锁定、LCT 接入控制。

（5）维护管理：可提供环回、复位单板、激光器自动关断、光纤功率检测功能、设备数据采集等手段，帮助维护人员定位和消除设备故障。

2.4.2　功能介绍

1. 业务接入

OSN 3500 的最大业务接入能力和提供的业务接口类型如表 2.1 和表 2.2 所示。

表 2.1　OSN 3500 的业务接入能力

业务类型	单子架最大接入能力
STM-64 标准或级联业务	4 路
STM-16 标准或级联业务	8 路
STM-4 标准或级联业务	46 路
STM-1 标准业务	148 路
STM-1（电）业务	68 路
E4 业务	32 路
E3/T3 业务	69 路
E1/T1 业务	504 路
快速以太网（FE）业务	164 路
千兆以太网（GE）业务	28 路
STM-1 ATM 业务	60 路
STM-4 ATM 业务	15 路
ESCON/FC50 业务	44 路
FICONFC100 业务	22 路
FC200 业务	8 路
DVB-ASI 业务	44 路

表 2.2　OSN 3500 提供的业务接口类型及其描述

接口类型	描　述
SDH 业务接口	75Q STM-1 电接口：SMB 连接器 STM-1 光接口：I-1、S-1.1、L-1.1、L-1.2、Ve-1.2 STM-4 光接口：I-4、S-4.1、L-4.1、L-4.2、Ve-4.2 STM-16 光接口：I-16、S-16.1、L-16.1、L-16.2、L-16.2Je、V-16.2Je、U-16.2Je STM-16 光接口（带外 FEC）：Ue-16.2c、Ue-16.2d、Ue-16.2f STM-16 光接口：定波长输出，可直接与波分设备对接 STM-64 光接口：I-64.2、S-64.2b、L-64.2b、Le-64.2、Ls-64.2、V-64.2b STM-64 光接口：定波长输出，可直接与波分设备对接
PDH 业务接口	75/1202 E1 电接口：DB44 连接器 100QT1 电接口：DB44 连接器 752E3、T3 和 E4 电接口：SMB 连接器

接口类型	描　述
以太网业务接口	10/100Base-TX、100Base-FX、1000Base-SX、1000Base-LX、1000Base-ZX
ATM 业务接口	STM-1 光接口：I-1、S-1.1、L-1.1、L-1.2、Ve-1.2 STM-4 光接口：S4.1、L-4.1、L-4.2、Ve-4.2 E3 接口：通过 PD3/PL3/PL3A 单板接入 IMAE1 接口：通过 PQ1/PQM 单板接入
SAN（Storage Area Network）业务接口	FC50、FC100/FICON，FC200、ESCON 业务光接口
视频业务接口	DVB-ASI 业务光接口

2. 内置 WDM

OSN 3500 提供双路光分插复用板 MR2 和任意速率波长转换板 LWX 实现内置 WDM 技术。MR2 分为 MR2A 和 MR2C 两种类型。MR2A 和 MR2C 功能完全相同，只是所插槽位不同。OSN 3500 内置波分特点如下：

（1）MR2 板支持满足 ITU-TG.692（DWDM）的任意相邻两个标准波长的上下，工作波长为 1 535.82～1 560.61 nm。

（2）MR2 板可用作两波上下的 OTM 站点。2 块 MR2 板串联可升级为 4 波上下的 OTM（Optical Terminal Multiplexer）站点。

（3）MR2 板可以配合 LWX 板实现两波上下的 OADM（Optical Add/Drop Multiplexer）站点。

（4）LWX 板实现客户侧信号波长和满足 ITU-T G.692（DWDM）标准波长之间的转换，信号完全透明传输。

（5）对客户上下行信号（速率范围为 10 Mb/s～2.7 Gb/s）提供 3R 功能，进行时钟恢复，并对其速率进行监控。

（6）提供两种类型的 LWX 单板：一种为单发单收，一种为双发选收。

（7）双发选收的 LWX 板支持板内保护，可由一块单板实现光通道保护功能，保护倒换时间小于 50 ms。

（8）单发单收的 LWX 板支持板间保护，支持 1＋1 板间热备份保护功能，保护倒换时间小于 50 ms。

3．时钟

OSN 3500 的时钟功能如下：

（1）支持 SSM 时钟协议。

（2）支持支路重定时。

（3）支持 2 路 75 Ω 外时钟输入和输出，2 048 kb/s 或 2 048 kHz。

（4）支持 2 路 120 Ω 外时钟输入和输出，2 048 kb/s 或 2 048 kHz。

（5）当网元跟踪支路时钟源时，对于 PQ1 和 PQM 单板，只可以跟踪网管上的第一个端口（对应物理端口为第一路）或第二个端口（对应物理端口为第九路）。

（6）当网元跟踪支路时钟源时，对于 PD3 单板，只可以跟踪第一个端口（对应物理端口为第一路）或第二个端口（对应物理端口为第四路）。

（7）当网元跟踪支路时钟源时，对于 PL3 单板，只可以跟踪第一个端口（对应物理端口为第一路）。

4．保护

1）设备级保护

OSN 3500 提供如表 2.3 所示的设备级保护。

表 2.3　OSN 3500 提供的设备级保护

保护对象	保护方式
E1 业务处理板	1：N（Ns8）TPS 保护
E1/T1 业务处理板	1：N（Ns8）TPS 保护
E3/T3 业务处理板	1：N（Ns3）TPS 保护
E4/STM-1 业务处理板	1：N（Ns3）TPS 保护
STM-1（电）业务处理板	1：N（Ns3）TPS 保护
以太网业务处理板 N2EFSO	1：1 TPS 保护
ATM 业务处理板	1+1 热备份
交叉连接与时钟板	1+1 热备份
系统控制与通信板	1+1 热备份
−48 V 电源接口板	1+1 热备份
任意速率波长转换板 LWX	板内保护（双发选收）和板间保护（1+1 热备份）
单板 3.3 V 电源	1：N 集中备份

注：OptiX OSN 3500 支持三个不同类型的 TPS 保护组共存。

2）网络级保护

OSN 3500 是 MADM（Multi Add/Drop Multiplexer）系统，可提供多达 40 路 ECC（Embedded Control Channel）的处理能力，支持 STM-1/STM-4/STM-16/STM-64 级别的线形网、环形网、枢纽形网络、环带链、相切环和相交环等复杂网络拓扑。

OSN 3500 支持四纤复用段保护环、二纤复用段保护环、线性复用段保护、复用段共享光路保护、共享光路虚拟路径保护和子网连接保护等网络级保护，其中复用段环的最大支持能力如表 2.4 所示。

表 2.4　OSN 3500 复用段环的最大支持能力

保护方式	最大支持能力
STM-64 四纤环形复用段保护	最大支持 1 个
STM-64 二纤环形复用段保护	最大支持 2 个
STM-16 四纤环形复用段保护	最大支持 2 个
STM-16 二纤环形复用段保护	最大支持 4 个

5. TCM

TCM（Tandem Connection Monitor）是一种误码监视方法。当一条 VC-4 经过多个网络时，通过 TCM 功能可以监视每一段的误码。

6. 网络管理信息互通

1）物理层上的互通

（1）网络管理信息被第三方设备透明传输。

当 OSN 3500 设备之间是第三方设备时，需要使用第三方设备的 D4～D12 字节来传递网络管理信息，如图 2.9 所示。

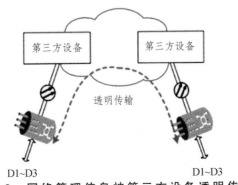

图 2.9　网络管理信息被第三方设备透明传输

（2）透明传输第三方设备的网络管理信息。

第三方设备的网络管理信息可以使用 OSN 3500 的 D4～D12 字节来传递网络管理信息，如图 2.10 所示。

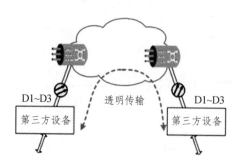

图 2.10　透明传输第三方设备的网络管理信息

2）网络层上的互通

（1）IP Over DCC。

lP over DCC 采用 P 协议共享的方式传递管理信息，存在两种组网方式，如图 2.11 和图 2.12 所示。

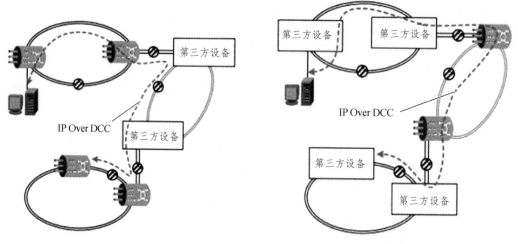

图 2.11　第三方设备透明传输网络管理信息　图 2.12　透明传输第三方网络管理信息

（2）OSI Over DCC。

OSI Over DCC 采用 OSI（又称 TP4 协议）协议共享的方式传递网络管理信息，存在两种组网方式：通过 OSL Over DCC 被第三方设备透明传输，如图 2.13 所示；通过 OSI Over DCC 被 OSN 3500 设备透明传输，如图 2.14 所示。

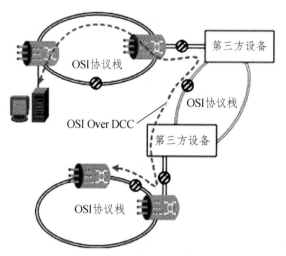

图 2.13　第三方设备透明传输网络管理信息（OSI）

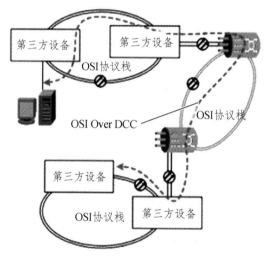

图 2.14　透明传输第三方网络管理信息（OSI）

2.4.3　智能特性

1. 拓扑自动发现

智能光网络的光纤连接完成之后，每个智能网元通过 OSPF 协议能够自动发现控制链路，并把自己的控制链路向全网洪泛。每个网元均得到全网的控制链路信息，即全网的控制拓扑。然后，每个网元就可以计算出自己到达网络中每个节点的路由。如图 2.15 所示，全网光纤连接完成之后，智能网元能够自动发现全网控制拓扑，并实时反映到网管上。

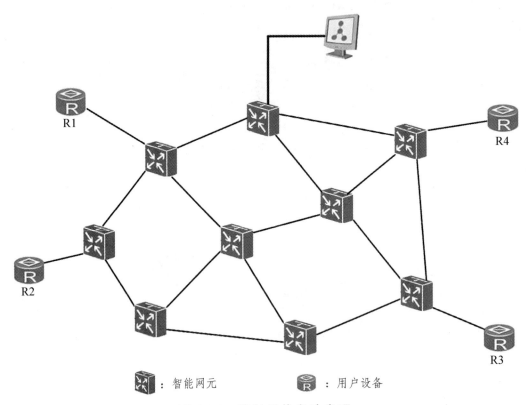

图 2.15　控制拓扑自动发现

智能网元通过 LMP 创建相邻网元之间的控制通道后，即可进行 TE 链路校验。每个智能网元均通过 OSPF-TE 协议将自己的 TE 链路信息洪泛到整个网络。这样每个均得到全网的 TE 链路信息，即全网的业务拓扑。智能软件可实时发现业务拓扑发生的改变，包括链路增加、链路参数变化和链路删除等，并上报网管，网管进行实时刷新。如图 2.16 所示，如果其中一条 TE 链路断掉，网管将实时刷新网管上的业务拓扑。

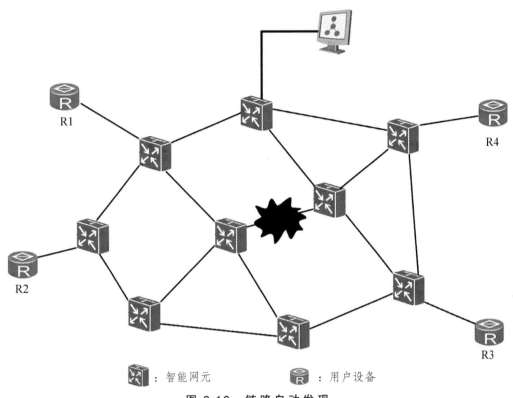

图 2.16　链路自动发现

2. 端到端业务配置

　　智能光网络在支持传统 SDH 静态业务的同时，还支持端到端的智能业务。这时，只需知道源节点、目的节点、需求带宽和保护级别，即可完成业务的配置。智能网元可以自动选择路由并创建各个节点的交叉连接。当然，还可以通过设置必经节点、排除节点、必经链路和排除链路来约束业务的路由。与传统 SDH 端到端配置相比，这种业务配置方式充分利用了各个智能网元的路由和信令功能，保证快速、便捷地配置业务。如图 2.17所示，在 A 和 I 之间配置一条带宽为 155 Mb/s 的智能业务。网络自动寻找到 A—D—E—I 这条路由，并配置各个节点的交叉连接。当然，这里从 A 到 I 的路由有很多，网络将计算最佳路由，最终选择 A—D—E—I 这条路由。业务建立的过程如下：选择源节点；选择目的节点；选择带宽；选择业务级别；建立业务。

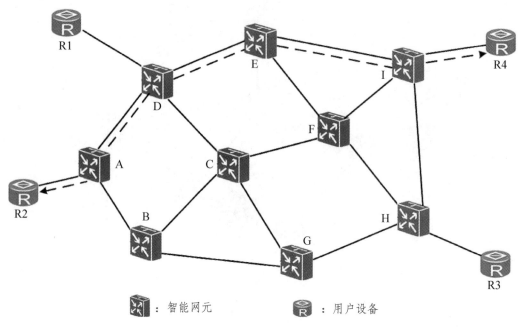

：智能网元　　　：用户设备

图 2.17　端到端业务配置

3. Mesh 组网保护和恢复

Mesh 组网是智能光网络的主要组网方式之一。这种组网方式具有灵活、易扩展的特点。与传统 SDH 组网方式相比，Mesh 组网不需要预留 50% 的带宽，在带宽需求日益增长的情况下，节约了宝贵的带宽资源；而且在这种组网方式下，保护路径可以有很多条，提高了网络的安全性，最大限度地利用整个网络资源。如图 2.18 所示，C—G 之间的光纤断开时，为了达到保护业务的目的，重新计算一条从 D 到 H 的路由，并建立新的 LSP，业务经新的 LSP 传送。

4. 差异化服务

智能光网络可以根据客户需求层次的不同，提供不同服务等级的业务。SLA（Service Level Agreement）为服务等级协定，从业务保护的角度将业务分成多种级别，如表 2.5 所示。

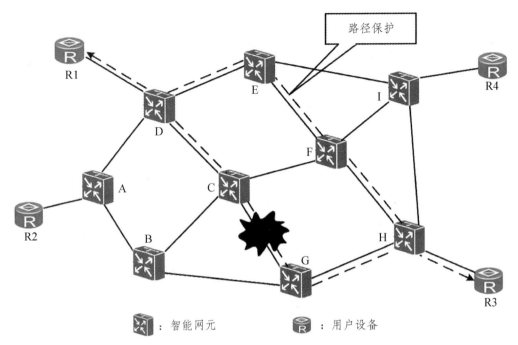

图 2.18　路径保护

表 2.5　业务等级

属　　性	业　　务			
	钻石级业务	金级业务	银级业务	铜级业务
保护和恢复策略	保护与恢复	保护与恢复	恢复	无保护、不恢复
实现方式	SNCP 和重路由	MSP 和重路由	重路由	—
倒换和重路由时间	倒换时间<50 ms 重路由时间<2 s	倒换时间<50 ms 重路由时间<2 s	重路由时间<2 s	—

5. 业务关联

业务关联是指将两条业务关联起来,在其中一条 LSP 重路由或优化时,不能与关联 LSP 链路相交。如图 2.19 所示,把 A—D—E—I 和 A—B—G—H—I 两条 LSP 关联,如果 B 和 G 之间断纤,则 A—B—G—H—I 这条 LSP 将进行重路由,而且会尽量避开 A—D—E—I 这条链路。

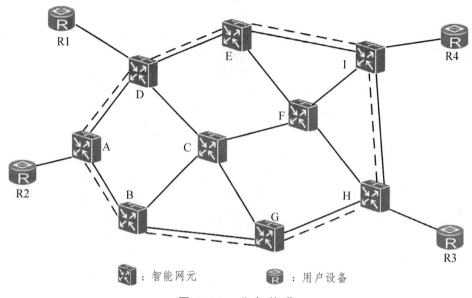

图 2.19　业务关联

6. 优化功能

智能光网络在经历多次拓扑改变后,各个业务的 LSP 通常不是最优的,为此提供优化功能。优化是指新建 LSP 并将被优化的业务倒换到新的 LSP,删除原 LSP,达到在业务不中断的情况下改变并优化业务路由的目的。当然,优化过程中也可以指定需要包含或排除的节点/链路。

7. 网络流量均衡

智能光网络根据 CSPF 算法计算最佳路由。但是,当两个节点之间的 LSP 很多时,可能会出现多个 LSP 经过相同的路由。网络流量均衡功能将避免这种情况发生。如图 2.20 所示,R2 和 R4 之间有多条银级业务,网络尽可能将其分配到不同的路由上,如 A—D—E—I、A—B—C—F—I 和 A—B—G—H 3 条路由,从而提高网络的安全性和可靠性。

8. 风险共享 SRLG

SRLG（Shared Risk Link Group）为共享风险链路组。通常位于同一个光缆中的光纤具有相同的风险,即如果光缆被切断,则光缆里的所有光纤都被切断。当智能业务发生重路由时就不应该重路由到具有相同风险的链路上。因此,对于网络中具有相同风险的链路需要正确设置 SRLG,从而保证钻石级业务的两条 LSP 不在同一根光缆中,或者尽量避免智能业务重路由后的 LSP 经过与故障链路具有相同风险的链路。

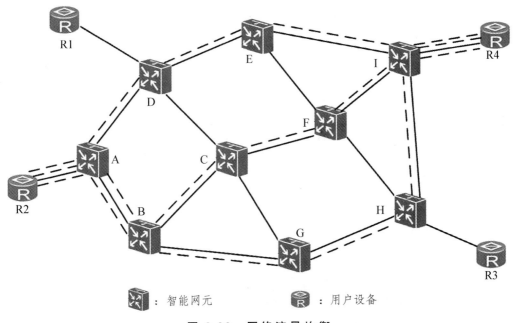

图 2.20　网络流量均衡

2.4.4　设备管理

1. 运行和维护

OSN 3500 系统在机柜、单板设计和功能设置等方面具备以下自动维护能力：

（1）SCC 板提供声光告警功能，当有紧急情况发生时，提醒网络管理员及时采取相应措施；

（2）提供 16 路外部告警输入接口、4 路告警的输出接口、4 路机柜警灯输出接口、告警级联接口，方便设备的运行维护；

（3）各单板均有运行、告警状态指示灯，协助网络管理员及时定位、处理故障；

（4）支持 SDH、以太网单模光接口的自动关断功能；

（5）支持 SDH、以太网光接口的在线光功率自动检测；线路板均支持低阶告警监测功能，能够监测的告警有：TU_AIS，TU_LOP；

（6）支持 SDH 光模块的参数查询功能，可供查询的参数包括：光接口类型、光纤模式（单模或多模）、长短距、传输距离、传输速率和波长等；

（7）光接口板采用可插拔光模块，用户可以根据实际需要选择使用光模块，维护方便；

（8）提供公务电话功能，为各站管理人员提供专用通信通道；

（9）通过网管系统动态监视网上各站的设备运行和告警状况；

（10）支持单板及主机软件的在线升级和加载；单板软件和 FPGA（Field Programmable Gate Array）支持远程加载，并提供防误加载和断点续传功能；

（11）支持远程维护功能，当设备出现故障时，维护人员可通过公用电话网对 Opti XOSN 3500 系统进行远程维护；

（12）N1PQ1/N1PQM 板提供伪随机码测试功能，支持远程误码测试。

2．设备管理

OSN 3500 由 iManager 系列的传送网网络管理系统（以下简称网管）统一管理。网管通过 Qx 接口可实现对整个光传输系统的故障、性能、配置、安全等方面的管理、维护及测试功能。通过网管系统，可提高网络服务质量，降低维护成本，为合理使用网络资源提供保证。

第 3 章　电力系统继电保护

3.1　继电保护概述

3.1.1　电力系统非正常运行

电力系统在运行中可能发生各种故障和不正常运行状态。当电力系统中电气元件的正常工作遭到破坏，但没有发生故障，这种情况属于不正常运行状态，包括过负荷，过电压，低电压，频率降低，系统振荡等过程[13,14]。电力系统中电气元件在运行过程中由于外力、绝缘老化、过电压、误操作、设计制造缺陷等原因会发生短路、断相等故障。最常见同时也是最危险的故障是发生各种短路故障。当相与相（地）之间绝缘破坏，就会发生短路故障[15]，包括单相接地短路、两相短路、两相接地短路和三相短路。断相故障指三相中某一相断开。

电力系统发生短路故障会对设备、用户和电网造成各种危害：

（1）故障点的电弧使故障设备损坏；

（2）短路电流产生的热效应和电动力效应，使故障回路中的设备烧坏；

（3）部分电力系统的电压大幅度下降，影响对用户的正常供电；

（4）破坏电力系统运行的稳定性，引起系统振荡，甚至使电力系统瓦解，造成大面积停电的恶性事故。

故障和不正常运行状态，都可能在电力系统中引起事故。所谓事故，就是指系统或其中一部分的正常工作遭到破坏，并造成对用户少送电或电能质量变坏到不能容许的地步，甚至造成人身伤亡和电气设备的损坏等。如果电力系统发生故障，那么需要在几十毫秒内切除故障，才能减少故障对设备、用户和电网的危害。因此，在电力系统中需要各种保护装置及时切断故障，降低损失。

继电保护装置，就是指能反应电力系统中电气元件发生故障或不正常运行状态，并动作于断路器跳闸或发出信号的一种自动装置。它的基本任务是：

（1）自动、迅速、有选择性地将故障元件从电力系统中切除，使故障元件免于继续遭到损坏，保证其他无故障部分迅速恢复正常运行；

（2）反应电气设备的不正常运行状态，并根据运行维护条件，而动作于发出信号或跳闸。

3.1.2　继电保护作用

电力系统继电保护一词泛指继电保护技术和由各种继电保护装置组成的继电保护系统，包括继电保护的原理设计、配置、整定、调试等技术，也包括由获取电量信息的电压、电流互感器二次回路，经过继电保护装置到断路器跳闸线圈的一整套具体设备，如果需要利用通信手段传送信息，还包括通信设备。

电力系统中的发电机、变压器、输电线路、母线以及用电设备，一旦发生故障，继电保护系统可迅速而有选择性地切除故障设备。为了维持系统稳定运行，每个电气元件上都装设保护装置，切除故障的时间通常要求小到几十毫秒到几百毫秒。继电保护系统既能保护电气设备免遭损坏，又能提高电力系统运行的稳定性，是保证电力系统及其设备安全运行最有效的方法之一。

为了在故障后迅速恢复电力系统的正常运行，或尽快消除运行中的异常情况，以防止大面积的停电和保证对重要用户的连续供电，常采用以下的自动化措施，如输电线路自动重合闸、备用电源自动投入、低电压切负荷、按频率自动减负荷、电气制动、振荡解列以及为维持系统的暂态稳定而配备的稳定性紧急控制系统，完成这些任务的自动装置统称为电网安全自动装置。

3.1.3　继电保护要求

继电保护技术应满足四个基本要求[16]：可靠性、选择性、速动性和灵敏性。这些要求紧密联系，既矛盾又统一，必须根据具体电力系统运行的主要矛盾和矛盾的主要方面，配置、配合、整定每个电力元件的继电保护，充分发挥和利用继电保护的科学性、工程技术性，使继电保护为提高电力系统运行的安全性、稳定性和经济性发挥最大效能。

1．可靠性

保护可靠性包含了两方面的含义：① 在设定的保护范围内发生故障时，保护应当可靠动作，不出现拒绝动作的情况，简称不拒动；② 正常运行或故障发生在保护区域以外时，应当不出现错误的动作，以免扩大停电范围，简称不误动。

可靠性主要取决于保护装置本身的质量和运行维护水平。为保证可靠性，宜选用性能满足要求、原理尽可能简单的保护方案，应采用可靠的、具备抗干扰能力的硬件和软件构成的装置，应具有必要的自动检测、闭锁、告警等措施，并能够方便地进行整定、调试和运行维护。同时，精细的制造工艺、正确地调整试验、良好的运行维护以及丰富的运行经验，对于提高保护的可靠性也具有重要的作用。

2．选择性

继电保护的选择性是指保护装置动作时，在可能最小的区间内将故障从电力系统中断开，最大限度地保证系统中无故障部分仍能继续安全运行。它包含两种意思：① 最靠近短路点的保护动作。当然，背后无电源时，不产生短路电流，也可以不动作。② 对于应当动作的保护或应当跳闸的断路器，如果出现拒动，那么相当于该断路器和保护不存在，仍然采用"最靠近短路点的保护动作"来判定应当由谁来动作。

3．速动性

继电保护的速动性是指尽可能快地切除故障，以减少设备及用户在大短路电流、低电压下运行的时间，降低设备的损坏程度，提高电力系统运行的稳定性。因此，在发生故障时，要求保护装置能迅速动作切除故障。动作速度的提高必须以可靠性为前提，在满足动作速度要求的情况下，允许保护装置带有一定的延时切除故障，也更有利于提高继电保护的可靠性。

目前，对于 110 kV 及以上电压等级的系统，故障切除时间要求不大于 90～110 ms，为了配合这个总体的要求，对于瞬时（无延时）动作的继电保护，国家标准是动作时间不大于 30 ms。

4. 灵敏性

保护装置的灵敏性，是指对于保护范围内发生故障或不正常运行状态的反应能力。满足灵敏性要求的保护装置应该是在事先规定的保护范围内部故障时，不论短路点的位置、短路的类型如何，以及短路点是否存在过渡电阻，都能敏锐感觉，正确反应。保护装置的灵敏性，通常用灵敏系数来衡量，灵敏系数越大，保护的灵敏度就越高；反之就越低。

继电保护的可靠和安全对电力系统的安全稳定运行具有重要意义。可以从内在和外在两个方面提升继电保护系统的可靠性和安全性。内在因素：保证装置质量的可靠性和设计的合理性；外在因素：正确运行维护和调试，正确安装继电保护装置，正确进行整定计算。应从系统各方面提高系统的可靠性，尤其应该从外部因素加强，这需要提高继电保护专业相关人员理论和技能水平。

3.2 继电保护原理

3.2.1 中低压线路保护

35 kV 及以下线路为配电线路，配电线路一般配置过电流保护作为主要保护手段。每条配电线路配置一套馈线保护，典型馈线保护采用Ⅱ段或Ⅲ段式电流保护（不同段对应不同的保护区域，相互配合协调工作）。馈线保护往往还具备其他功能，如重合闸、低频/低压、过负荷、测量及控制功能。配电线路保护原理简单、可靠，保护的范围变化较大，易受系统运行方式变化影响。

如图 3.1 所示，阶段式保护分为三段，每段都有各自的特点，各段协调配合，保证本线路及相邻线路可靠保护。

Ⅰ段（瞬时电流速断）：保护线路一部分，动作时间快。

Ⅱ段（延时电流速断）：保护本线路全长及相邻线路一部分，动作时间有延时。

Ⅲ段（定时限过过流）：保护本线路和相邻线路，动作时间过长。

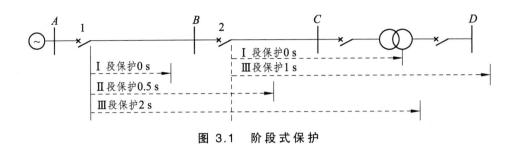

图 3.1 阶段式保护

110 kV 及以下线路为中压线路，在中压线路中，为了有更好的保护性能，保护装置配置了性能更好的距离和零序保护，如图 3.2 所示。它们的保护范围及作用等同于低压线路保护，需要为每条线路配置一套保护。零序保护具有高灵敏性与高阻故障保护能力，但仍受一定的运行方式影响，不能做到快速保护全线路。

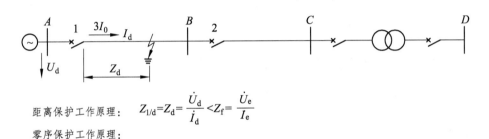

距离保护工作原理： $Z_{1/d}=Z_d=\dfrac{\dot{U}_d}{\dot{I}_d}<Z_f=\dfrac{\dot{U}_e}{\dot{I}_e}$

零序保护工作原理：

正常时：$3I_0=I_a+I_b+I_c=0$

短路时：$3I_0=I_a+I_b+I_c=I_{ka}$

图 3.2 距离和零序保护

3.2.2 超高压线路保护

超高压线路保护指 220 kV 及以上的线路保护。超高压线路应双重化配置，主保护主要由全线速动主保护及快速独立主保护构成。全线速动主保护为了能够达到在本线路任何一点故障快速动作，必须将线路两侧的电气量信息进行比较才能达到快速、正确区分区内外故障的目的。目前主要包括方向比较式纵联保护和纵联电流差动保护。

(1)方向比较式纵联保护。两侧保护装置将本侧的功率方向、测量阻抗是否在规定的方向、区段内的判别结果传送到对侧，每侧保护装置根据两侧的判别结果，区分是区内故障还是区外故障。这类保护在通道中传送的是逻辑信号，而不是电气量本身，传送的信息量较少，但对信息可靠性要求很高。按照保护判别方向所用的原理可将方向比较式纵联保护分为方向纵联保护和距离纵联保护。

(2)纵联电流差动保护。如图 3.3 所示，这类保护利用通道将本侧电流的波形或代表电流相位的信号传送到对侧，每侧保护根据对两侧电流的波形和相位比较的结果区分是区内故障还是区外故障。可见这类保护在每侧都直接比较两侧的电气量，称为纵联电流差动保护。对于传送电流波形的纵联电流差动保护，由于信息传输量大，并且要求两侧信息同步采集，因而对通信通道有较高的要求。

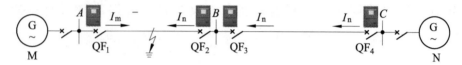

图 3.3　纵联电流差动保护

而配置的快速独立主保护(如工频变化量主保护、快速距离保护)则对近处的严重故障快速跳闸从而达到提高系统稳定性的目的。双重化的后备保护作为本线路的近后备及相邻线路的远后备。一般由阶段式的距离保护和零序保护构成，和相邻线路和变压器的保护配合。为了防止经过渡电阻及电力系统振荡时拒动，配置两段零序过流保护或者选配反时限零序过流保护。

3.2.3　变压器保护

变压器主保护配置纵差保护[17]和重瓦斯保护[18]，如图 3.4 所示。主保护主要是对变压器自身故障进行保护，保障设备安全运行；后备保护在高、

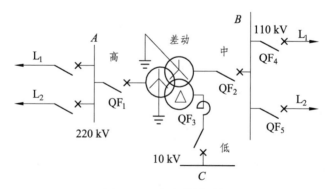

图 3.4　变压器保护

中压侧配置复合电压过流保护、零序过流保护，后备保护主要在外部故障时对相邻设备进行保护；在低压侧配置复合电压过流保护。对于异常运行可以配置的保护有：过负荷保护，过激磁保护，中性点间隙保护，轻瓦斯保护，温度、油位保护及冷却器全停保护等。若电压等级达到 220 kV，则需要配置两套保护。

3.2.4　母线保护及断路器失灵保护

母线保护主要是为了快速切除母线故障，从而保障系统稳定，如图 3.5 所示。一般 110 kV 及以上的线路，可以配置母线差动保护、母联开关相关保护（失灵、死区、充电、非全相等）。

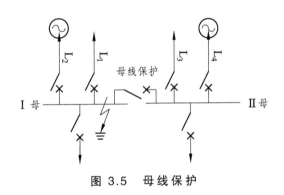

图 3.5　母线保护

断路器失灵保护是在断路器拒动时快速切除相连的其他电源支路，以保证系统稳定，一般在电压等级达到 220 kV 及以上时才会配置。

3.3　电力系统自动化

3.3.1　重合闸装置

电力系统的运行经验表明，架空线路故障大都是"瞬时性"的，例如由雷电引起的绝缘子表面闪络、大风引起的碰线、通过鸟类及树枝等物碰在导线上引起的弧光短路等，在线路被继电保护迅速断开以后，电弧即行熄灭，故障点的绝缘强度重新恢复，外界物体（如树枝、鸟类等）也被电弧烧掉而消失。此时，如果把断开的线路断路器再合上，就能够恢复正常供电，这类故障称为瞬时性故障。除此之外，也有永久性故障，例如由于线路倒杆、断线并接地、绝缘子击穿或损坏等引起的故障，在线路被断开之后它们仍然存在。这时，即使再合上电源，由于故障依然存在，线路还要被继电保护再次断开，不能恢复正常供电。

由于输电线路上的故障大部分具有瞬时性质，因此，在线路被断开以后再进行一次合闸，就有可能大大提高供电的可靠性和系统稳定性[19,20]。为此，在电力系统中广泛采用了自动重合闸，即当断路器跳闸之后，能够自动地将断路器重新合闸。它一般可分为三相重合闸（110 kV 及以下）、单相重合闸/综合重合闸（220 kV 及以上），它不单独配置，往往和其他保护集成在一起。

3.3.2　低频/低压减载

低频减载是指系统电压频率降低到一定程度，自动切除负荷，以保障系统频率安全。低压减载是指系统电压幅值降低到一定程度，自动切除负荷，保障系统电压稳定安全[21]。低频/低压减载装置一般用于 110 kV 及以下系统，往往与微机保护集成，是电网的最后一道防线。

3.3.3　备用电源自动投入

备用电源工作方式有两种[22]：明备用：主电源工作，备用电源不工作，处于冷备用状态；暗备用：主电源和备用电源同时工作，互为备用，处于热备用状态。主备电源的切换通过备用电源自动投入装置完成。备用电源自动投入装置（备自投）能够在主电源因故消失，备用条件满足时，自动投入备用电源。从而提高供电可靠性，备自投一般适合于 110 kV 以下的重要用户及厂站。如图 3.6 所示，为变电所接线图。

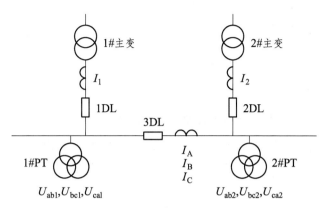

图 3.6　变电所接线图

3.4　超高压线路继电保护调试

超高压线路保护的调试项目包括外部的外观检查与绝缘测试、开入及模拟量通道检查、保护逻辑功能（纵联差动保护、快速主保护、纵联距离保护、纵联零序保护、距离保护、零序保护、重合闸及后加速等）、整组开关传动试验。

3.4.1　检验安全措施要求

220 kV 线路保护检验的安全措施及注意事项如下：

1. 常规站常规保护安全措施要求

（1）交流回路的注意事项包括对接入线路保护屏的电流、电压回路极性的正确性检查；电压切换回路的检查；防止电压互感器 PT 二次反充电和电压回路短路；防止电流回路开路和误通流至母差。

（2）跳闸出口回路的注意事项包括检查母差出口该线路保护屏跳闸回路、安控装置至断路器的跳闸回路等。

（3）与其他保护连接回路的注意事项包括线路保护屏至母差保护屏相应失灵启动回路的安全措施、与安控装置的连接回路（如果存在）、与备自投等的连接回路。

（4）通道自环，并将本侧纵联码、对侧纵联码改为一致。

2．智能站智能化保护安全措施要求

智能变电站保护检验调试的安全措施包括交流电流、交流电压、出口回路等。检修硬压板投入的原则如下：一次设备停役时，操作线路间隔保护装置"检修压板"前，应确保保护装置处于信号状态，即退出虚端子表中的GOOSE跳闸出口软压板，退出与之相关的运行保护装置，如母线保护的GOOSE失灵启动软压板。

在一次设备停役时，操作线路间隔合并单元"检修压板"前，须确认相关保护装置的SV软压板已退出，特别是仍需继续运行的保护装置。

以某220 kV线路保护调试为例，安全措施步骤为：

第一步：退出220 kV母线保护该间隔的SV接收软压板，退出GOOSE启动失灵接收软压板。投入220 kV母线保护该间隔的隔离刀闸强制分软压板。

第二步：退出该220 kV间隔线路保护GOOSE启动失灵发送软压板和退出GOOSE保护跳闸软压板、GOOSE重合闸软压板。

第三步：退出该220 kV间隔智能终端出口硬压板。

第四步：投入该间隔保护装置、智能终端、合并单元检修硬压板。

第五步：通道自环，将本侧纵联码和对侧纵联码改为一致。

3．外观及绝缘、电源检查

对于新安装的变电站应按照典型设计的相关标准进行检查。

4．输入系统检验

1）交流回路检验

超高压线路保护的交流输入回路一般包括各相电压及电流和零序电流通道等7个输入通道，并需注意二次绕组是否接错。进行零序电流通道检验时应采用输入单相电流的方法进行检验。需要注意的是，3/2断路器接线线路保护装置和短引线保护装置的断路器应能通过不同输入虚端子对电流极性进行调整。虚端子表中，（正）表示正极性接入，（反）表示反极性接入。

对于光纤电流差动保护，除了对本侧采样值进行查看外，还应查看对侧的电流采样值。在自环状态下时，两侧的采样值应当相同，部分厂家在自环状态时采样传送可能定义不同，按说明书进行查看。

2）保护开入量回路检查

220 kV 线路保护常规装置开入量检查同 110 kV 线路保护。详细检查方法参考第 3 章通用检查方法。

智能化装置设置"保护远方操作""测控远方操作""检修状态"三个硬压板，除这三个常规开关量检查外，还有"复归开入"量检查，其余 GOOSE 开入量根据现场虚端子表，用数字化测试仪"发布"GOOSE 进行检查，虚端子表如表 3.1 所示。

表 3.1　220 kV 线路保护 GOOSE 开入虚端子

序号	信号名称	软压板	备　注
1	断路器 A 相跳闸位置	—	
2	断路器 B 相跳闸位置	—	
3	断路器 C 相跳闸位置	—	
4	低气压闭重	—	
5	闭锁重合闸	—	
6	其他保护动作	—	保护用

5. 输出系统检验

常规站线路保护开出信号接点及其他接点按照典型设计中根据现场实际采用的输出系统进行检查。智能站线路开出 GOOSE 信号结合保护逻辑在调试时同时检查。

3.4.2　纵联距离调试与检验

允许式纵联距离保护动作逻辑分为正常运行时保护未启动和故障时刻保护启动两种情况。正常运行时，在保护没有启动的情况下，正常运行中的允许式纵联保护逻辑：收到对侧信号后，如果三相断路器分相跳闸位置 TWJ 均动作且线路无流，或弱馈侧正向故障条件满足时，则发 100 ms 允许信号。当启动元件动作，立刻进入故障测量程序。与闭锁式类似，保护采取反方向元件优先的原则来防止功率倒方向时误动作，即只要反方向元件动作，就闭锁所有正方向元件的发信回路。在反方向元件不动作的前提下，纵联距离正方向元件或纵联零序元件任一动作时，向对侧发允许信号；当本装置其他保护跳闸或外部保护动作跳闸时，立即发信，并在跳闸信号返回后，发信展宽 150 ms，但在展宽期间若反方向元件动作，立即返回，停止发信；三相跳开时，始终发信；正方向元件动作且反方向元件不动作的情况下，收到对侧允许信号达 8 ms 后纵联保护动作；如连续 40 ms 未收到对侧允许信号，则其后纵联保护动作需经 20 ms 延时，防止故障功率倒向时保护误动作。

1. 常规站线路保护装置试验接线及设置

将继电保护测试仪的电流输出接至线路保护电流输入端子，电压输出接至线路保护电压输入端子，将线路保护的一对 A 相保护跳闸接点接到测试仪的 A 开关量输入端（一对 B 相保护跳闸接点接到测试仪 B 开关量输入端，一对 C 相保护跳闸接点接到测试仪的 C 开关量输入端），将线路保护的一对重合闸动作接点接到测试仪的 D 开关量输入端，用于进行自动测试（跳闸接点和重合闸接点应为无电的接点，最好选用备用接点）。典型接线如图 3.7 所示。

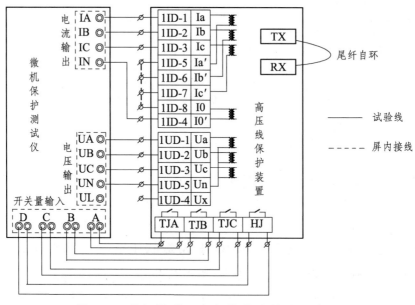

图 3.7 常规纵联距离保护检验接线示意图

投入纵联距离保护相关控制字保护和主保护功能硬压板。标准设计中相关控制字整定值如表 3.2 所示。

表 3.2　纵联保护控制字整定值

类别	序号	控制字名称	整定方式	整定值
纵联保护控制字	1	纵联距离保护	0，1	1
	2	纵联零序保护	0，1	1
	3	弱电源侧	0，1	在弱电源侧或无电源的负荷端可以选择投入。在通道联调做弱馈试验时置"1"
	4	光纤通信内时钟	0，1	当通道为专用光纤时，保护两侧均置"1"
	5	允许式通道	0，1	"1"代表允许式；"0"代表闭锁式。设置为"1"
	6	解除闭锁功能	0，1	允许式载波通道时有效

试验前确定纵联保护功能已投入，启用单相重合闸，因为只完成保护逻辑，所以退出跳闸出口和重合闸出口硬压板，保护仅发信号，线路断路器合位，即保护装置一直开入。将保护装置定值中的"本侧识别码"和"对侧识别码"设置成相同的五位数值，表示通道自环，纵联保护装置光发和光收用尾纤进行自环。保护装置无通道告警。

2. 智能化线路保护装置试验接线及设置

试验前，首先投入线路保护纵联距离保护软压板和控制字，用尾纤自环，将本侧纵联码和对侧纵联码改为一致。投入"SV 接收软压板""A 相跳闸 GOOSE 发送软压板""B 相跳闸 GOOSE 发送软压板""C 相跳闸 GOOSE 发送软压板""重合闸 GOOSE 发送软压板"。"三相跳闸方式"置0，"单相重合闸"置1，"三相重合闸"置0。

其次对继保数字测试仪进行设置，此时继保数字测试仪可看成与线路配套的合并单元和智能终端。通过数字测试仪光口 1 输出电流电压至保护装置；通过数字测试仪光口 2 发布断路器三相位置，至保护装置 GOOSE 开入；同时通过数字测试仪光口 2 订阅保护跳闸和重合闸，接收保护装置的 GOOSE 开出动作信号，其接线图如图 3.8 所示。具体步骤如下：

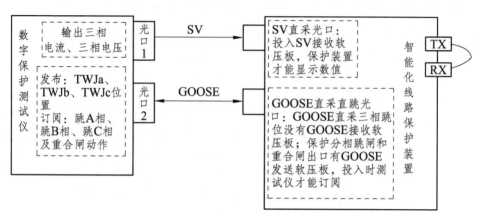

图 3.8　智能化纵联距离保护检验接线示意图

第一步，光纤接线。用光纤将测试仪光口 1 与线路保护 SV 直采光口连接，测试仪光口 2 与线路保护 GOOSE 直采直跳光口连接，接好后即可检查测试仪与保护装置光纤通道是否完好。

第二步，测试仪设置与线路保护装置相同的 PT 变比与 CT 变比。

第三步，检查继保数字测试仪的 SCD 文件是否正确（测试仪导入正确的 SCD 文件），选中对应的 220 kV 线路保护装置。

设置 SMV 输入在光口 1；设置 GOOSE 输入和输出在光口 2，发布设置：将"A 相断路器位置"映射至"开出 1"，"B 相断路器位置"映射至"开出 2"；"C 相断路器位置"映射至"开出 3"；订阅设置：将"跳断路器 A 相"映射至"开入 1"，"跳断路器 B 相"映射至"开入 2"，"跳断路器 C 相"映射至"开入 3"，"重合闸"映射至"开入 4"。在后面的试验中，测试仪根据试验状态"发布"断路器三相位置，"订阅"保护分相跳闸、重合闸 GOOSE 信号，即可进行自动测试。因只有保护逻辑，可使数字测试仪在整个试验过程中始终发布断路器三相位置在合位，也可根据状态序列对应改变断路器位置。

通过 SCD 文件可知线路保护所需 SV 输入和 GOOSE 输入、GOOSE 输出。SV 输入虚端子设计如表 3.3 所示，GOOSE 输出虚端子表和输入虚端子表分别见表 3.4 和表 3.5。

表 3.3　双母线接线线路保护装置 SV 输入虚端子表

信号名称	软压板	连接设备名称	备注
MU 额定延时		线路合并单元	点对点 SV 延时采样
保护 A 相电压 U_{a1}		线路合并单元	
保护 A 相电压 U_{a2}		线路合并单元	
保护 B 相电压 U_{b1}		线路合并单元	
保护 B 相电压 U_{b2}		线路合并单元	
保护 C 相电压 U_{c1}		线路合并单元	
保护 C 相电压 U_{c2}		线路合并单元	
同期电压 U_{x1}	SV 接收软压板	线路合并单元	
同期电压 U_{x2}		线路合并单元	
保护 A 相电流 I_{a1}		线路合并单元	
保护 A 相电流 I_{a2}		线路合并单元	
保护 B 相电流 I_{b1}		线路合并单元	
保护 B 相电流 I_{b2}		线路合并单元	
保护 C 相电流 I_{c1}		线路合并单元	
保护 C 相电流 I_{c2}		线路合并单元	

表 3.4　双母线接线线路保护装置 GOOSE 输出虚端子表

信号名称	装置 GOOSE 发送软压板	连接设备名称
断路器跳 A 相		线路智能终端、故障录波、测控
断路器跳 B 相	跳闸	线路智能终端、故障录波、测控
断路器跳 C 相		线路智能终端、故障录波、测控
启动 A 相失灵		母线保护（失灵）
启动 B 相失灵	启动失灵	母线保护（失灵）
启动 C 相失灵		母线保护（失灵）
信号名称	装置 GOOSE 发送软压板	连接设备名称

重合闸	重合闸	线路智能终端、故障录波、测控
永跳	永跳	线路智能终端、故障录波、测控
三相不一致跳闸	三相不一致跳闸	线路智能终端、故障录波、测控
远传 1 开出	无压板	选配
远传 2 开出	无压板	选配
过电压远跳发信	无压板	选配
保护动作	无压板	故障录波、测控
通道 1 告警	无压板	故障录波、测控
通道故障	无压板	故障录波、测控
过负荷告警	无压板	故障录波、测控

表 3.5 双母线接线线路保护装置 GOOSE 输入虚端子表

信号名称	GOOSE 接收软压板	连接设备名称
断路器分相跳闸位置 TWJa	无压板	线路智能终端
断路器分相跳闸位置 TWJb	无压板	线路智能终端
断路器分相跳闸位置 TWJc	无压板	线路智能终端
闭锁重合闸-1	无压板	线路智能终端
闭锁重合闸-2	无压板	母线保护
闭锁重合闸-3	无压板	
……	无压板	
闭锁重合闸-6	无压板	
低气压闭锁重合闸	无压板	线路智能终端
远传 1-1	无压板	
……	无压板	
远传 1-6	无压板	
远传 2-1	无压板	
……	无压板	

续 表

信号名称	GOOSE 接收软压板	连接设备名称
远传 2-6	无压板	
其他保护动作 -1	无压板	线路智能终端
其他保护动作 -2	无压板	母线保护
……	无压板	
其他保护动作 -6	无压板	

3. 纵联距离保护检验

纵联距离保护的检验实际是对超范围的测量阻抗元件的阻抗定值和方向性进行检验，因此对阻抗元件的测试方法可参照距离保护定值的测试方法进行检验。

1）阻抗元件检验

对阻抗元件的检验可在手动测试模块或阻抗定值模块、整组试验模块进行。手动试验时，可按照前述故障设置方法分别模拟 A 相、B 相、C 相单相接地瞬时故障，AB、BC、CA 相间瞬时故障以及正向出口三相短路故障。故障前的参数设置：模拟故障前应当输出正常额定电压一段时间，其输出时间应大于 PT 断线恢复时间（一般为 10 s 左右，可通过 PT 断线灯是否熄灭来进行判断），以使纵联距离保护的方向元件恢复工作，模拟故障的时间为 50 ms 左右，也可使用接点自动转换。如果要带重合闸进行试验，则故障前时间还应当长一些，在重合闸充电灯亮之后进行试验，如果仅保证 PT 断线恢复在重合闸灯没有亮之前输出故障，则任何故障均三跳不重合。进行纵联距离保护的阻抗元件检验可参考距离保护的定值检验方法分别对 0.95 倍、1.05 倍和 0.7 倍阻抗定值进行检验。

2）反方向试验

按照继电保护故障设置方法，设置反方向故障，故障点可设置远端和出口以检验灵敏性和方向性。

4. 纵联零序保护检验

对纵联零序方向保护的检验除了对零序方向元件的方向性检验外，还要对零序过流元件的定值进行检验。对零序方向元件的检验要求同专用方向元件，只是其模拟的故障类型仅需考虑接地故障，不考虑相间和三相短路的情形。

1）纵联零序电流保护零序过流定值检验

可采用手动测试、零序电流测试模块或整组试验模块进行试验。按照第一章的故障设置方法，分别模拟各种单相接地故障，一般采用恒定电流模型，短路阻抗可任意设定一个接地阻抗定值设定，但应当保证计算出的故障电压不应超出额定电压值，以 30 V 左右为宜。按照此方法进行设置，计算较为复杂。对零序过流定值采用定点测试方法，一般的故障计算中，以近似模拟 A 相接地短路为例，操作测试仪使 A 相电流输出分别为 1.05 倍、0.95 倍零序电流定值，A 相电压幅值设定为 30 V，B 相及 C 相可设置为正常电压，相位为正相序，电流相位设定为滞后 A 相 80°。故障输出时间大于该段电流保护动作时间，则 1.05 倍电流保护应可靠动作，0.95 倍应可靠不动作，然后在 1.2 倍时测量动作时间。

2）反方向测试

模拟反方向接地故障，纵联零序保护应可靠不动作。

3.4.3　纵联差动保护调试与检验

由于原理性的差异，光纤电流差动保护的调试和传统的纵联保护有很大的区别，其调试更加类似于差动保护，但由于通道原因，因此与一般的差动保护也有区别。由于光纤电流差动保护的输入信息是由不同装置采样，不同于变压器和母线差动保护是由一台装置集中采样，因此，其测试方法与一般的变压器差动保护有较大区别。对单个光纤差动保护的调试的介绍如下：

1. 试验接线及设置

对单装置的调试接线方法和纵联距离保护方法相同，但在设置上略有不同，主要是软件控制字或相关的硬压板及通道设置不同。

标准设计规范中相关定值项包括：纵联差动保护投入控制字、差动保护软压板、CT 断线闭锁差动控制字、内部时钟控制字、电容电流补偿控制字及差动动作值。

当通过一台装置进行差动保护调试时，根据前述原理，差动保护需动作必须有对侧允许信号，因此需采用通道自环的方法。将保护定值本侧识别码和对侧识别码设置成相同的五位数值，用尾纤将保护装置的光发和光收自环，即将本装置采样和动作信息作为对侧信息传给本装置，从而可以进行各种差动保护逻辑功能检验。

2. 差动保护动作值检验

试验前将电容电流补偿控制字置 "0"。不同原理的差动保护其动作电流均为两侧电流相量之和的绝对值，制动电流略有差异，一般选择为两侧电流相量之差的绝对值。按照此种方式构成的差动保护（以下差动保护均以此方式构成），在自环状态下，若在某一相加入的电流为 I_φ，则差动电流 $I_d=2I_\varphi$，制动电流为 0，因此若差动动作值为 I_{dset}，则需加入的电流为 $I_\varphi=I_{dset}/2$。

动作值的检验可在手动测试模块或状态序列模块、整组试验模块时进行。手动试验或采用状态序列时，可采用定点测试方法。首先输入正常态一段时间（一般为 25 s 左右），待重合闸灯亮后，在某一相加故障电流 $I=0.5 \times m \times I_{dset}$（$I_{dset}$ 为分相差动定值；m 为系数，其值分别为 0.95、1.05 及 2）。电流差动保护应保证 1.05 倍定值时可靠动作；0.95 倍定值时可靠不动作；在 2 倍定值时测量出的保护动作时间不大于 25 ms。

需要注意的是，上述检验的方法适用于制动电流为两相电流差的情形，上述检验过程未考虑电容电流补偿的因素。

3. 零序电流差动保护检验

零序电流差动保护的动作接线和设置同差动保护。不同原理的零序差动保护其动作电流均为两侧零序电流相量之和的绝对值，制动电流略有差异，一般选择为两侧零序电流相量之差的绝对值。按照此种方式构成的零序电流差动保护（以下零序电流差动保护均以此方式构成），在自环状态下，若仅在某一相加入的电流为 I_φ，则零序差动电流 $I_{d0}=2I_\varphi$，制动电流为 0，因此若零序差动动作值为 I_{d0set}，则需加入的电流为 $I_\varphi=I_{d0set}/2$。可见，同相电流差动保护的情形类似。

3.4.4　过电压及远跳保护装置调试与检验

过电压及远跳保护装置一般用于 500 kV 线路。常规站过电压及远跳保护功能一般集成在一个装置，智能站过电压及远跳装置集成在 500 kV 线路保护装置中。为了保证安全和可靠性，往往设置多个判据。

1．过电压保护

过电压保护当线路本端过电压，保护检测到输入装置的电压大于过电压定值时，经过电压延时整定跳本端断路器。过电压保护可反应任一相过电压动作（电压三取一方式），也可反应三相均过电压动作（电压三取三方式），由控制字"电压三取一方式"整定。过电压保护也可经过控制字选择是否进行远跳。过电压保护的调试比较简单，可仅将测试仪的电压输出接至过电压保护装置。投入保护功能控制字和压板，模拟本线路过电压，模拟的故障电压分别为过电压定值的 0.95、1.05 及 1.2 倍。在 1.05 倍定值时应可靠动作，在 0.95 倍定值时可靠不动作，并在 1.2 倍定值下测量保护动作时间。若过电压保护启动远跳功能投入，还应检验相关远跳输出是否正确，动作信息是否正确。

2．远方跳闸保护

远跳功能是指当远跳装置收到远跳开入命令时，根据控制字结合就地判据进行判别，是否满足动作条件。远跳的开入通道一般有两个：可根据控制字选择二取二或二取一方式，就地判据可根据控制字进行投退，因此构成二取二有判据、二取一有判据、二取二无判据、二取一无判据等方式，无论何种方式，其基本方法类似。以二取二有判据为例，其试验方法如下：整定保护定值控制字"二取二有判据"置 1，投且仅投任一就地判据；给上通道Ⅰ、通道Ⅱ收信开入，同时使该就地判据满足；保护跳闸灯亮，显示相关动作信息。其他方式则在此基础上去掉相关条件即可。

3.4.5　重合闸及整组试验

220 kV 线路保护的重合闸一般采用单相重合闸方式。以下将以单相重合闸方式进行叙述。

1．试验接线及设置（保护装置仍为自环状态）

1）常规线路保护试验接线及设置

进行重合闸检验时，可结合整组开关传动试验或接模拟断路器进行整组试验，则此时应当将操作箱或模拟断路器的跳闸位置信号引入测试中，以便更真实地进行试验。采用传动试验进行重合闸及整组检验的典型接线如图 3.9 所示，A 相跳闸（试验相）和重合闸出口硬压板均投入。图中接入测试仪的开入信号为试验相（A 相）的跳位 TWJa，此时保护需带开关或模拟断路器进行传动，如果采用带模拟断路器方式进行试验，则取模拟断路器的辅助位置接点更为方便（模拟断路器为分相断路器）。测试菜单若选择状态序列进行测试，则可仅接入试验相的跳位 TWJ 即可，不需要接入 HWJ 位置信号，但在状态序列的状态转换条件需进行正确设置时，也可采用时间控制进行状态翻转。

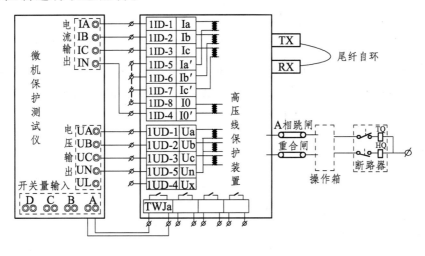

图 3.9　重合闸及整组检验接线示意图（A 相故障为例）

2）智能化线路保护试验接线及设置

智能化线路保护整组试验接线如图 3.10 所示，整组试验时，如保护带

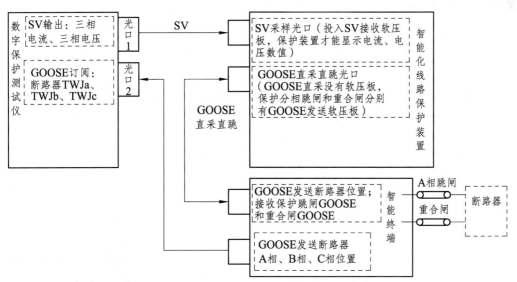

图 3.10　智能化线路保护整组试验接线（以试验相 A 相为例）

开关传动，应恢复保护装置 GOOSE 直采直跳光口与智能终端的光纤，智能终端的 A、B、C 三相出口硬压板和重合闸出口硬压板应投入。

试验投入所有保护、投入单相重合闸控制字，投入单相 TWJ 启动重合闸控制字，重合闸时间为 1 s。

2．重合闸基本逻辑检验

1）单相 TWJ 启动重合闸检验

单相 TWJ 启动重合闸的检验较简单。手动合上断路器或模拟断路器，当重合闸充电完成后，使断路器或模拟断路器某一相跳闸，如 A 相，由于 TWJa 开入，且无 STJ 动作，则重合闸发出单相 TWJ 启动重合闸命令，重新合上跳开相断路器或模拟断路器。

2）保护启动重合闸检验

可在手动测试模块或整组测试模块进行此项检验。带断路器传动试验需合上断路器，待重合闸充电完成后进行试验。按照前述主保护的试验方法，模拟瞬时性单相接地故障，使本线路主保护（纵联保护、距离Ⅰ段或快速独立主保护）动作跳闸；并使故障相断路器跳开后，经过设定的重合闸时间 1 s，跳开断路器再次合上。需要注意的是，故障时间应设置得比保护动作时间稍长，或采用开关量进行故障输出控制，这样模拟瞬时性故障。如果要测量重合闸时间，需注意试验时间应为故障输出时间和重合闸的时间之和；如试验时间和故障输出时间一样，则无法采集到重合闸动作后的开入信息，不能测出重合闸的时间。在测试中，还应当查看保护装置的保护动作信号和重合闸信息是否正确并记录。

3．重合闸后加速及整组试验

超高压线路保护均采用后加速方式，其基本试验方法与馈线保护的重合闸及后加速检验方法类似。重合闸后加速的检验可结合整组传动试验进行，也可仅做后加速试验逻辑。以下介绍通过整组传动试验或带模拟断路器试验的方法。重合闸后加速的检验可在专用的重合闸及后加速测试菜单进行试验，这是最为方便的一种方式。另外，在整组试验菜单、状态序列菜单中也能够比较方便、灵活地完成后加速的检验。下面分别介绍这几种方法。

1）重合闸后加速专用测试菜单

可在线路保护测试菜单中的重合闸及后加速的测试菜单进行测试。首先按照如前所述的接线方式正确接线。需要说明的是，由于测试软件在进行自动测试过程中需要对状态翻转进行检测，所以一些测试软件规定了断路器的位置状态信号必须要按照规定的开入端口接入，如 pw 系列测试仪规定第一次保护动作翻转信号接入 A，B，C 端口开入，而重合信号翻转开入则必须由 D 端口开入，否则将无法正确试验。然后在测试菜单中正确设置如表 3.6 所示的参数。

表 3.6　重合闸及后加速专用测试参数设置表

参数名称	选　项	输入说明
故障类型	各种单相接地故障	可选择 A，B，C
重合前故障参数	故障电流、短路阻抗及阻抗角等	第一次故障参数，可参照主保护试验方法，保证主保护可靠动作
重合后故障参数	故障电流、短路阻抗及阻抗角等	第二次故障参数，可与第一次故障相同
重合闸整定时间	重合闸整定时间	装置整定的重合闸时间，一般仅用作定值误差比较，但在一些测试仪中用作时间控制时则需正确设置
故障控制	故障前时间、故障时间、触发方式	故障前时间必须保证充电完成，一般选择 25 s 以上，故障时间应大于主保护动作时间和整定重合闸时间。触发方式一般选择时间触发或按键触发

2）整组试验菜单

整组试验由于可进行各种永久性故障的模拟，因此也能很好地进行重合闸及后加速的试验。试验接线和要求同前述后加速专用测试模块，仅在参数设置时选择永久性故障即可。采用转换性故障进行模拟也可以进行后加速试验。

3）状态序列菜单

用状态序列进行重合闸及后加速检验也是常用的一种方法，尤其对于一些特殊情况的重合闸的检验较为方便。利用状态序列进行重合闸及后加速的检验一般需要采用 4 个状态：故障前状态、第一次故障状态、重合闸等待状态和第二次故障状态（重合到故障态）。

故障前状态：设置电压输出正常，手动合上断路器，断路器在合闸位置。应注意确保在切换到第一次故障状态前已经充电完成，可通过保护装置的重合闸充电指示灯来判断。由该状态切换到第一次故障状态可采用固定时间触发（一般可考虑 25 s）或按键触发。

第一次故障状态：第一次故障应对试验相进行模拟单相接地故障，手动设置故障参数或利用软件提供的短路计算功能均可实现，应注意保证主保护正确动作。由该状态切换到下一状态可采用时间触发或开关量翻转触发，同上述内容介绍的三相重合闸状态序列类似，应当尽可能采用开关量翻转方式。需要注意的是，由于模拟单相重合闸，应当将试验相的位置接点引入。若采用模拟断路器，则应当将断路器跳闸方式设置为单跳方式，如设置为三跳方式将造成三跳不重合的状况。

重合闸等待状态：该状态为第一次故障后故障相跳开，线路处于跳闸后非全相运行等待重合状态。切换方式可采用时间控制或开入翻转控制。

第二次故障状态：该状态一般可设置为同第一次故障状态，也可设置为其他故障状态（则相当于模拟转换性故障）。切换方式可采用开入翻转或时间控制。采用开入翻转可使用断路器位置信号或保护动作信号，原理同前。采用时间控制应保证第二次故障时间略大于后加速时间。

需要注意的是，在用状态序列中应尽可能通过断路器（或模拟断路器）的位置信号进行翻转控制，可更真实地进行模拟试验。另外，应当分别对每一相进行传动检验。

4. 3/2 接线重合闸逻辑检验

对于 3/2 接线方式的线路，其重合闸功能放在断路器保护装置中，两断路器重合闸回路二次接线和试验方法都比较复杂，逻辑功能的检验与上述普遍母线接线方式的线路重合闸有一定的差异，主要体现在先后重合闸动作和闭锁逻辑上。根据简化二次回路的原则，现重合闸仅需通过时间整定确定先合断路器和后合断路器，边开关重合闸时间整定为 1.0 s 先合，中开关时间整定为 1.5 s 后合，两者的重合闸回路之间没有电气联系，在边开关停电检修，通过中开关送线路负荷的运行方式，可按方式要求是否将中开关重合闸时间由 1.5 s 调整为 1.0 s。其试验方法同 220 kV 线路保护重合闸，分别校验跳位启动重合闸和单跳启动重合闸逻辑。

第 4 章　电力系统调度自动化技术

4.1　电力系统运行状态及其控制

4.1.1　电力系统运行状态

电力系统运行状态是指电力系统在不同运行条件下（如负荷水平、出力配置、系统接线、故障等）系统与设备的工作状况。从广义上讲电力系统的运行状态分为正常状态和非正常状态。电力系统调度中心为了更精确地实现电力系统的调度控制，进一步将其细分为正常运行状态、警戒状态、紧急状态、系统崩溃和恢复状态，如图 4.1 所示。

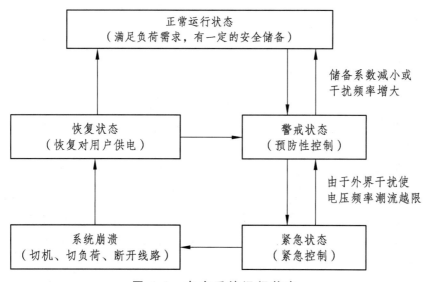

图 4.1　电力系统运行状态

1. 正常运行状态

正常运行状态下的电力系统满足所有等式和不等式约束条件：系统内

的发电机有一定的旋转备用容量；输变电设备有一定的富余容量；在负荷增加或减少时，系统频率和电压在电能质量指标规定的范围之内，并向系统用户供应合格的电能；电力系统中各发电和输、变电设备的运行参数都在规定的限额之内；电力系统有一定的安全水平，在正常干扰下（如电力系统负荷的随机变化、正常的设备操作等），电力系统只从一个正常状态连续变化到另一个正常状态，而不会产生有害后果。正常运行状态下的电力系统是安全的，可以实施经济运行调度。

2. 警戒状态

当负荷增加过多，或发电机组因出现故障不能继续运行而计划外停运，或者因发电机、变压器、输电线路等电力设备的运行环境恶化，使电力系统中某些电力设备的备用容量减少到其安全水平不能承受正常干扰的程度时，电力系统就进入了警戒状态。

警戒状态下，电力系统运行的所有等式和不等式约束条件均满足，仍能向用户供应合格的电能。从用户的角度来看电力系统仍处于正常状态，但从电力系统调度控制来看，警戒状态是一种不安全状态，与正常状态的区别在于：警戒状态下的电能质量指标虽合格，但与正常状态相比，处于合格的边界；电力设备的运行参数虽然在允许的上、下限值之内，但与正常状态相比更接近上限值或下限值。在这种情况下，电力系统即使受到正常干扰，也可能出现不等式约束条件不能成立的情况，使系统进入不正常状态，例如某些变压器或线路过载，或者某些母线电压低于下限值等。警戒状态下的电力系统是不安全的，调度控制需采取预防性控制措施，使系统恢复到正常状态，比如可以调整发电机出力和负荷配置、切换线路等。

3. 紧急状态

当处于正常状态或警戒状态的电力系统受到严重干扰时，比如短路或大容量发电机组的非正常退出工作等，系统则有可能进入紧急状态。紧急状态下，电力系统的某些不等式约束条件遭到破坏，会出现某些线路或变压器过载、某些母线电压低于下限值的情况。这时电力系统的等式约束条件仍能得到满足，系统中的发电机组仍然继续同步运行，不需要切除负荷。但紧急状态下的电力系统是危险的，调度控制应尽快消除故障的影响，采取紧急控制措施，争取使系统恢复到警戒状态或正常状态。

4．系统崩溃

在紧急状态下，如果不能及时消除故障并采用适当的控制措施，电力系统可能会失去稳定。在这种情况下，为了不使事故进一步扩大并保证对部分重要负荷供电，可通过动作自动解列装置或调度人员进行调度控制，将一个并联运行的电力系统解列成几部分，使电力系统进入崩溃状态。

系统崩溃时，在一般情况下，解列的各个子系统的等式和不等式约束条件均不能成立。一些子系统由于电源功率不足，不得不大量切除负荷；而另一些子系统可能由于电源功率大大超过负荷而不得不让部分发电机组解列。此时电力系统调度控制应尽量挽救解列后的各个子系统，使其能部分供电，避免系统瓦解造成大面积停电。

5．恢复状态

通过自动装置和调度人员的调度控制，可使系统从崩溃状态进入恢复状态。这时调度控制将已解列的系统重新并列，增加并联运行机组的出力，恢复对用户的供电，系统将根据实际情况恢复到警戒状态或正常状态。

4.1.2　电力系统安全控制

电力系统安全控制的目的是采取各种措施使系统尽可能运行在正常运行状态。在正常运行状态下，调度人员通过制订运行计划和运用计算机监控系统对电力系统信息进行实时收集处理、在线安全监视和安全分析等，使系统处于最优的正常运行状态。一般来说，电力系统的安全控制主要包括以下三个方面：

1．安全监视

安全监视指利用电力系统信息收集和传输系统所获得的电力系统和环境(如电力设备附近是否有雷电发生)变量的实时测量数据和信息，使运行人员能正确而及时地识别电力系统的实时状态。运行人员通过电子计算机自动校核实时电流或电压是否已到极限，校核项目包括母线电压、注入有功和无功功率、线路有功和无功功率、频率、断路器状态及操作次数等。如果校核的结果是越限，则报警；如果逼近极限值，则予以显示。

2. 安全分析

安全分析是在安全监视的基础上，用计算机对预想事故的影响进行估算：分析电力系统当前的运行状态在发生预想事故后是否安全；确定在出现预想事故后为保持系统安全运行采取的校正措施。在做安全分析时，首先假设一种故障，如停运一台机组或一条线路，然后进行潮流计算，检验是否会出现过负荷状态。然后假定另一种事故，再做上述计算和检验。这种预想的事故有时多达几十种，不同的电力系统对计算机进行安全分析的时间间隔和预想事故的种类有不同的规定。

3. 安全控制

安全控制指在电力系统各种运行状态下，为了保证电力系统安全运行所进行的各种调节、校正和控制。电力系统正常运行状态下安全控制的首要任务是监视不断变化着的电力系统状态（发电机出力、母线电压、系统频率、线路潮流、系统间交换功率等），并根据日负荷曲线调整运行方式和进行正常的操作控制，如启、停发电机组，调节发电出力，调整高压变压器分接头的位置等，使系统运行参数维持在规定的范围之内，以满足正常供电的需要。安全控制还包括紧急状态下的安全控制和事故后的恢复控制。广义地理解安全控制也包括对电能质量和运行经济性的控制。

我国电力系统安全控制实行"事故预想"制度，指根据已有知识和运行经验设想：电力系统运行在某一情况下出现异常情况时应如何处理；在另一种运行情况时出现异常又该如何处理，等等，这样做有利于提高调度人员处理事故的能力，维持电力系统安全运行。事故预想是有效的，但人工预想的事故只能是少量的，偏重预想反事故措施。它对当前系统运行状态的安全水平很难做出全面的评价。在电子计算机应用于电力系统调度之后，用计算机代替人工事故预想，对电力系统进行安全监视并提出安全控制对策，把电力系统调度自动化推向了能量管理系统阶段。

4.2 调度自动化系统

4.2.1 概述

电力调度自动化系统作为电力系统的重要组成部分，可以确保电力系统安全、优质、经济运行和电力市场运营，提高电力系统运行现代化水平。电力调度自动化系统是基于电力系统理论、计算数学、最优化原理、自动控制技术和信息技术的自动化系统的总称，是在线为各级电力调度机构生产运行人员提供电力系统运行信息（包括频率、发电机功率、线路功率、母线电压等），分析决策工具和控制手段的数据处理系统[24]。电力调度自动化系统一般包含安装在发电厂、变电站的数据采集和控制装置，以及安装在各级调度机构的主站设备，通过通信介质或数据传输网络构成调度系统。

　　我国电网调度管理实行"统一调度、分级管理"的原则，从而奠定了电网分层控制的模式。调度中心就是各级电网控制中心，自动化系统的配置也必须与之相适应，信息分层采集，逐级传送，命令也按层次逐级下达[23]，如图 4.2 所示为全国-五级调度示意图。

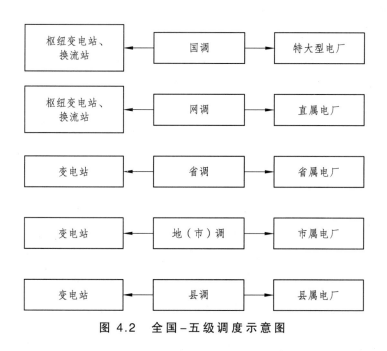

图 4.2　全国–五级调度示意图

　　电力调度自动化系统的主要作用如下：

　　（1）对电网安全运行状态实现监控。调度监控人员每天面对的就是调度自动化系统，电网正常运行时，调控人员通过调度自动化系统监视和控制电网的周波、电压、潮流、负荷与出力以及一、二次设备的运行状态，使之符合规定，保证电能质量和用户计划用电的要求。

　　（2）对电网运行实现经济调度。由于有调度自动化系统，调度员和电力营销人员才能为电力用户提供更加优质的服务。在对电网实现安全监控的基础上，通过调度自动化的手段实现电网的经济调度，以达到降低损耗、节省能源、多发电、多供电的目的。

（3）对电网运行实现安全分析和事故处理。电网发生故障或异常时，通过调度自动化手段，实现电网运行的安全分析，提供事故处理对策和相应的监控手段，及时处理事故，避免或减少事故造成的重大损失。

4.2.2　我国调度自动化系统的发展

电网调度自动化系统对电力系统的安全经济运行起着不可或缺的作用。到目前为止，电网调度自动化系统的发展已历经了三代[25]。

1. 20 世纪 60 年代起步阶段

该阶段包括远动化、数字化和自动化 3 个阶段。从研制有接点遥信和频率式遥测远动装置开始，在东北、北京等地区进行无人值班变电站的试点，并在计算机技术的影响下，由布线逻辑向数字化、软件化的方向发展。

2. 20 世纪 70 年代 SCADA 引进—消化—开发—创新阶段

1978 年电力部主管部门力排众议，做出了第二次技术决策：随着 1979年我国第一条 500 kV 平武线输电工程引进了第一套计算机与远动终端（RTU）一体化的 SCADA 系统（瑞典 ASEA 公司），确立了计算机与远动相结合的 SCADA 理念，电力部通信调度局还从日本日立公司引进了用于通信调度的仅含主站的 H80E 系统。电力科学研究院和电力自动化科学院分别参与了上述两项工程的引进和开发工作。随后，调度运行单位在管理体制上也逐渐将计算机和远动两个专业合并为自动化专业。

3. 20 世纪 80 年代后期 EMS 引进—消化—开发—创新阶段

由 SCADA 发展到 EMS，其广度和深度要求是不同的。计算技术起步较早的电力部门，20 世纪 60 年代就开发了电力系统潮流、短路、稳定等基本应用软件，并广泛投入离线使用。但如何与 SCADA 结合接入实时系统并直接控制发电过程，却是个新问题，这就导致了 20 世纪 80 年代后期东北、华北、华中、华东四大网 EMS 的引进工作。

此次 EMS 的引进是有选择性的。重点放在 EMS 的支撑平台和自动发电控制（AGC）上，EMS 高级应用软件完全由国内开发。电力部两院（北京、南京）参与引进，并各自分担两网的现场验收、系统汉化和 RTU 接入等任务。四大网 EMS 投入运行不久，随着通调局升为国家电力调度中心，电力部通信调度局的 H80E 系统也被西门子的 SPECTRUM 分布式系统所取代。

第二次引进，在较高层面上实现了又一次"引进—消化—开发—创新"，促使 20 世纪 90 年代自主版权 EMS 支撑平台和应用软件先后问世。电力自动化科学院的 SD-6000、OPEN-2000，电力科学研究院和东北电力监管局合作的 CC-2000 就是这个时代的产物。

1）科东 CC-2000

为改变由单一厂家提供 EMS、第三方应用难以接入、系统更新扩充困难的局面，电力部主管部门又一次做出重要决策：在支持开放分布式系统开发的同时，毅然支持 CC-2000 系统对面向对象技术进行探索和开发，采用事件总线和匿名消息交换机制，与随后 IEC 61970 参考模型中的集成总线和"订阅/发布"信息的发布模式极为接近。

历经 4 年后，CC-2000 于 1996 年在东北电网投入运行，并在有关单位的合作下，将来自电力科学研究院、电力自动化科学院、清华大学、东北电网调度等开发的各种 EMS 高级应用软件接入系统，实现了国内全部自主版权、接入多方应用软件的 EMS 功能。

后来，在公用信息模型（CIM）的行业标准 IEC 61970 EMS-API CIM 发布后，CC2000 系统又进行了相应改良。实现了"即插即用"，便于用户比较、选择、更新、扩充所需的应用软件和系统，免除了依赖单一厂家"从一而终"或不得不推倒重来的被动局面，有力推动了 SCADA/EMS 技术的有序竞争和发展。

2）南瑞 OPEN-3000

与 CC2000 相对应的是南瑞的 OPEN-3000 系统，其脱胎于 OPEN-2000 和曾应用于淄博公司的 SD-6000 系统。除具有常规 SCADA、EMS 的功能和支持平台之外，还包含遵循 IEC61970 标准的建模与集成技术、应用服务器的混合平台技术、数据采集和存储关键技术、AGC 与安全约束调度的闭环控制技术。

3）D5000

D5000 智能电网调度控制系统，为多级调度提供广域共享和全景监控的技术手段。主要功能包括电网实时控制与智能告警、电网自动控制、电网运行辅助决策、调度员仿真培训、水电光伏新能源监测等。

为提升电力监控系统安全防护工作，国网供电公司围绕"告警直传，远程浏览，数据优化，认证安全"的技术原则，不断强化边界防护的同时，完善安全监测、策略管控、安全措施、审计评估等环节的闭环机制，加强内部的物理、网络、主机和数据安全。其中，可信验证模块及防恶意代码模块部署于电力监控系统关键核心主机节点服务器及核心工作站，该项工作通过对电力监控系统安全防护的不断完善，防范黑客及恶意代码等对电力系统的攻击和侵害，防止电力监控系统的崩溃和瘫痪，进一步提升了电网控制系统的信息安全。

4.2.3　调度自动化系统的结构

电网调度自动化系统基本结构包括控制中心、主站系统、厂站端和信息通道三大部分。根据所完成功能的不同，可以将此系统划分为信息采集与命令执行子系统、信息传输子系统、信息处理与控制子系统、人机联系子系统，其组成如图 4.3 所示。

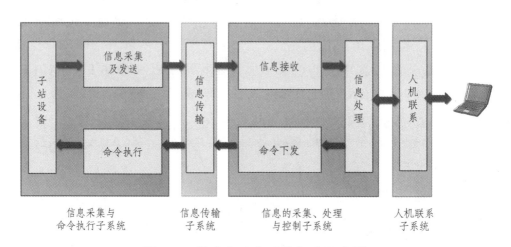

图 4.3　调度自动化系统组成示意图

1. 信息采集与命令执行子系统

信息采集与命令执行子系统可以采集调度管辖的发电厂变电站中各种表征电力系统运行状态的实时信息，并根据需要向调度控制中心转发各种监视、分析和控制所需的信息。采集的量包括遥测、遥信量电度量，水库水位，气象信息以及保护的动作信号等。同时，信息采集子系统根据上级调度中心发出的操作控制和命令，可以直接进行操作或转发给本地执行单元或执行机构操作。操作量包括开关投切操作、变压器分接头位置切换操作、发电机功率调整、电压调整、电容电抗器投切、发电调相切换甚至继电保护的整定值的修改等命令。信息采集与命令执行子系统是调度自动化的基础，相当于自动化系统的眼和手，是自动化系统可靠运行的保证。

2. 信息传输子系统

信息传输子系统将信息采集子系统采集的信息及时、无误地送给调度控制中心，传输信道主要采用电话、电力线载波、微波、同轴电缆和光纤，偏僻的山区或沙漠有少量采用卫星通信。目前新上的调度系统主要采用光纤通信，因为光纤通信可靠性高、速度快、容量大，制造成本也大大降低。信息传输系统属于调度自动化的基础设施，犹如自动化系统的神经系统、该系统分布广，而且受天气、环境等的影响，建设的投资量十分大。如果既要保证信息传输的可靠性、快速性及准确率，又要尽可能节省投资，就必须在建设前做好规划，进行合理布局。

3. 信息处理与控制子系统

信息处理与控制子系统是调度自动化系统的核心,主要由计算机组成。信息处理与控制子系统可以进行信息的实时处理和离线分析,通过形成能正确表征电网当前运行情况的实时数据库,确定电网的运行状态,对超越运行允许限值的实时信息给出报警信息,提醒调度员注意,同时编制运行计划和检修计划,进行各种统计数据的离线整理分析。现代信息处理与控制子系统还具有能对运行中的电力系统进行安全经济和电能质量分析决策的功能,而且是高度自动化的。

4. 人机联系子系统

调度员通过人机联系子系统可以随时了解他所关心的信息，随时掌握系统运行情况，通过各种信息做出判断并以十分方便的方式下达决策命令，实现对系统的实时控制。人机联系子系统包括模拟盘、图形显示器、控制台键盘、音响报警系统，记录、打印和绘图系统。

调度自动化主站系统是以计算机为中心的分布式、大规模的软、硬件系统，是调度自动化系统的神经中枢。习惯上把信息处理和人机联系子系统称为主站端系统，而把数据采集和控制执行子系统称为厂站端系统。各个子系统的功能由硬件和软件共同实现。硬件主要包括：

主站-服务器：包括前置（FES）服务器、历史（HIS）服务器、SCADA/AGC服务器、PAS服务器、Web服务器、DTS服务器、磁盘阵列等。

路由器：主要用于实现网络互联，具备数据通道功能和控制功能。

交换机：也称交换式集线器，具备数据过滤、网络分段、广播控制、信息交换等功能。

防火墙：用于网络或安全域之间的安全访问控制；管理进、出网络的访问行为；记录通过防火墙的信息内容和活动。

物理隔离装置：安全隔离设备一般使用双机结构，保护网络从物理上隔离开来。

纵向加密装置：用于安全区Ⅰ/Ⅱ的广域网边界保护，提供认证与加密服务。

时间同步装置：保证各个装置的时间一致。

KVM装置：用于访问各个服务器。

前置通道接口：用于接受厂站端数据。

测控装置：用于采集变电站遥测、遥信信息。

远动装置：用于转发和上送变电站遥测、遥信信息。

后台监控系统：完成一次设备的监视、控制、数据采集、事件顺序记录及显示。

软件系统作为调度自动化主站系统的核心，按应用层次可以划分为系统软件、支持软件和应用软件。系统软件包括操作系统、语言编译和其他服务程序，是计算机制造厂为便于用户使用计算机而提供的管理和服务性软件，如 UNIX、LINUX、WINDOWS。支持软件主要有数据库管理、网络通信、人机联系管理、备用计算机切换等各类服务性软件，如 ORACLE、SYBASE、SQLSERVER。应用软件是实现调度自动化各种功能的软件，如 SCADA 软件、自动发电控制和经济运行、安全分析、状态估计和对策、优化潮流、网络建模、拓扑分析、负荷预报等一系列电力应用软件等。

4.2.4 调度自动化系统的基本功能

1. 继电保护功能

继电保护主要包括输电线路保护、电力变压器保护、母线保护、电容器保护、小电流接地系统自动选线、自动重合闸等。继电保护在电力系统运行中起到实时隔离故障设备的作用。调度自动化系统的继电保护主要功能如下：

（1）通信功能。包括接受监控系统查询，向监控系统传送事件报告，向监控系统传送自检报告，修改时钟及与监控系统对时，修改保护定值，接受监控系统投退保护命令，接受监控系统查询定值，实时向监控系统发送保护主要状态。

（2）具有与系统统一对时功能。

（3）存储各种保护整定值功能。

（4）设置保护管理机或通信管理机，负责对保护单元的管理（承上启下的作用，提高保护系统的可靠性）。

（5）故障自诊断、自闭锁和自恢复功能。

2. 监视控制功能

变电站自动化取代了常规的测量系统（如变送器、录波器、指针式仪表等）、告警和报警装置（如操作盘、模拟盘、手动同期及手控无功补偿装置）、电磁式和机械式防误闭锁设备（如中央信号系统、光字盘）等，改变了常规的操作机构，使变电站具备了强大的监控能力。调度自动化系统的监视控制主要功能如下：

（1）实时数据采集与处理。包括模拟量采集、状态量采集、脉冲量采集、装置信息采集、软件计算方法。

（2）运行监视功能。包括状态量变位监视、模拟量监视、事故音响或语音报警。

（3）故障测距与录波功能。包括自动采集、存储电力系统故障信息，对电气量进行录波和分析，记录故障和异常运行的变化过程。

（4）事件顺序记录和事故追忆。包括分析事故、评价继电保护和自动装置以及断路器的动作情况，了解系统或某一回路在事故前后所处的工作状态。

（5）控制与安全操作闭锁。包括就地和远方控制、自动和手动控制，通过软硬件实现"五防"功能。

（6）谐波的分析和监视。包括波形畸变、电压闪变和三相不平衡。

（7）其他功能。如数据处理与记录、人机联系和打印。

3.0020 自动控制装置功能

自动控制装置是保证变电站乃至系统的安全、可靠供电的重要装置，主要由电压/无功自动控制装置（VQC）、低频减载装置、备用电源自投装置、小电流接地系统选线装置等组成。自动控制装置主要功能如下：

（1）无功和电压自动控制。变电站无功和电压自动控制是指利用有载调压变压器、无功补偿电容器及电抗器进行局部的电压及无功补偿的自动调节，使负荷侧母线电压在规定范围内，并使主变高压侧的无功分布在一个合理范围内。

（2）自动低频减载。按电力系统运行规程规定：电力系统的允许频率偏差为 ±0.1 Hz；系统频率不能长时间运行在 49.5～49 Hz 以下；事故情况下，不能较长时间停留在 47 Hz 以下；系统频率瞬时值不能低于 45 Hz。在系统发生故障、有功功率严重缺额、频率下降时，需要有计划、按次序地切除负荷，并保证切除负荷量合适，这是低频减载的任务。

（3）备用电源自投控制（BZT）。工作电源因故障不能供电时，自动装置应能迅速将备用电源自动投入使用或将用户切换到备用电源上。典型的备用自投有单母线进线备投、分段断路器备投、变压器备投、进线及桥路备投、旁跳断路器备投。

（4）小电流接地选线。小电流接地系统中发生单相接地时，系统中并不会产生大的故障电流，所以给故障的定位和隔离造成很大困难。故需要专门的设备用于选出接地线路（或母线）及接地相，并予以报警。

4. 远动控制功能

远动指应用数据采集技术、信道编码技术和通信传输技术对远方的运行设备进行监视和控制，它主要面向现场级通信和上级调度通信。远动在加快电力系统自动化的进程中起着至关重要的作用，包括以下功能：

（1）遥信。遥信是远方状态信号的简称，它将被监视厂站的设备状态信号（如断路器位置信号、保护跳闸信号、重合闸信号等）远距离传给调度。遥信分为硬遥信和软遥信。硬遥信指单位置信号和双位置信号；软遥信指装置事件信息，例如间隔层继电保护装置、测控装置、自动装置内部产生的事件信息。

（2）遥测。遥测是远方测量的简称，它是将被监控厂、站的主要参数变量（如电流、电压、温度等）远距离传输到调度端记录。遥测量一般分为直流采样和交流采样两种。直流采样的远动系统一般配有变送器屏，其内部的电量变送器将测量的物理量转换成远动设备所能处理的量；交流采样就是将线路二次侧的电压、电流信号，经隔离器后，通过移相、滤波，放大电路，转换成一定的交流电压信号送到遥测板，在遥测板通过运算，再模数变换后送给编码器。

（3）遥控。遥控是远方操作的简称，指调度发出命令以实现远方操作和切换。遥控通常只取两种状态指令，如表 4.1 所示。由于遥控是直接通过远动装置跳断路器，所以执行时应特别谨慎。基本步骤是：先由调度端下遥控命令，远动终端 RTU 接令后，分析认可，然后启动相应出口，把启动的结果返送给调度端设备，调度端接到回送信息后与下发命令进行比较，确认 RTU 启动对象是下发命令的要求，接着就发出执行命令、启动最后出口，使断路器按遥控要求完成合闸或跳闸操作。

表 4.1　遥信遥控对应关系

遥信状态	控分	控合
"01"	可控	不可控
"10"	不可控	可控
"00" 或 "11"	不可控	不可控

（4）遥调。遥调是远方调整的简称，指调度远方厂、站的参数，例如，调整变电站的电压和无功功率。与遥控不同的是，遥调控制的是变压器的有载分接开关或电容器投切开关，以此来进行有载调压或无功功率调整。

4.3　能量管理系统

4.3.1　概述

SCADA 系统为及时准确地获取电力系统的实时信息并对电力系统运行状态进行实时监控提供了可能。20 世纪 70 年代，在原有 SCADA 功能的基础上又增加了安全分析和安全控制功能以及其他调度管理和计划管理功能，这就是最初的能量管理系统。

能量管理系统（Energy Management System，EMS）是以计算机技术和电力系统应用软件技术为支撑的现代电力系统综合自动化系统，也是能量系统和信息系统的一体化。

EMS 主要针对发电和输电系统，用于各级输电网的调度中心，为电网调度工程师提供实时监视、自动控制和灵活分析电网运行情况的工具和手段。此外，EMS 提供电网实时运行监视信息、远方控制、实时网络分析计算等功能，是地市电网调度运行与管理的核心自动化支持系统。其结构如图 4.4 所示。

按照电网调度的核心业务和生产需求分为安全 I 区的调度实时监控类功能、安全 II 区的调度计划类功能、安全 III 区应用功能。能量管理系统为调度中心的监视、分析、预警、控制等功能提供支持，是一套面向调度生产业务集成的、整体的集约化系统。

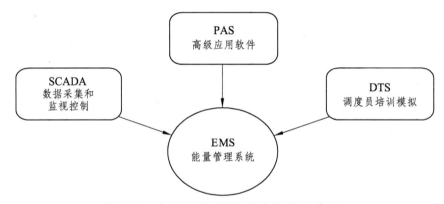

图 4.4　电网能量管理系统结构示意图

4.3.2　能量管理系统的结构

1. SCADA 子系统

SCADA：监视控制与数据采集系统。SCADA 可以对电力系统现场的运行设备进行监视和控制，以实现数据采集、设备控制、测量、参数调节以及各类信号报警等各项功能。SCADA 是 EMS 其他应用的数据基础[26]，主要功能如下：

（1）数据采集：模拟量（遥测）、状态量（遥信）、脉冲量采集、继电保护和综合自动化信息、自动化设备运行信息。

（2）事件顺序记录（SOE）：记录遥信信号的动作时间并区分动作顺序，

保存到历史数据库中，为分析电力事故提供依据。

（3）事故追忆（PDR）：将事故发生前和发生后一段时间（时间可调）事故的全过程记录下来，作为事故分析的依据。

2. PAS 子系统

PAS：高级应用软件。PAS 是辅助电力系统调度运行人员实现电网安全稳定经济运行的有力工具，是现代电网调度自动化系统必不可少的重要组成部分。PAS 有实时态、研究态和规划态三种运行模式，主要功能如下：

（1）自动发电控制 AGC。AGC 提供发电的监视、调度和控制，通过控制管辖区域内发电机组的有功功率满足如下功能：维持电网频率在允许误差范围之内，频率累积误差在限制值之内，超过时自动或手动矫正；维持本区域对外区域的净交换功率计划值，偿还由偏差引起的随机电量；在满足电网安全约束、频率和净交换计划的情况下，按最优经济分配原则安排受控机组出力，使区域运行最为经济。

（2）自动电压控制 AVC。AVC 的工作过程分为四步：首先获取电网数据，计算灵敏度；然后生成设备控制方案；接着控制无功补偿设备和变压器分接头；最后提高电压合格率以及功率因数合格率，优化网损。

3. DTS 子系统

DTS：调度员培训模拟，运用计算机技术建立实际电力系统数学模型，再现各种调度操作和故障后的系统工况，将这些信息送到电力系统控制中心模型内，提供逼真的培训环境。DTS 主要功能如下：

（1）在电网正常、事故、恢复控制下对系统调度员进行培训；

（2）训练调度员正常调度能力和事故发生时的快速决策能力；

（3）提高调度员的运行水平和分析处理故障的技能；

（4）协助运方人员制定安全的系统运行方式。

4.4　调度自动化新技术

4.4.1　调控云

基于调控业务需求与云计算"物理分布、逻辑集中"的特性，构建出调控云的总体技术架构，包括 IaaS 层弹性可扩展技术及高可用技术、云组件技术、云模型与云采集技术、云应用服务化技术、大数据分析技术、横向与纵向数据同步技术、云安全技术等调控云关键技术。

调控云应用由面向调度运行和管理的若干应用软件组成，主要包括数据展示与可视化、数理统计与分析、电网在线分析和智能调度应用四大类应用。调控云应用具有服务化、轻量性、易用性、开放性及可评价性等特点，可由用户根据业务需求自由选择，灵活定制。

4.4.2　大数据

由于智能电网的开放性，天气、气候、用户、交通、环境、社会经济、政策法规等方面的外部数据也与智能电网的发展和运行密切关联，有着重要的应用价值。除此之外，为支撑智能电网规划、运行、建设，电力公司及其科研机构积累了大量的仿真计算、实验检测数据，对智能电网规划和运行中的决策也能提供重要的依据。这些数据共同构成的数据集，具有数据量大、复杂多样、分散放置等特点，具有大数据的基本特征[27]。

基于大数据的信息链，并结合现有大数据研究成果和智能电网的特点，构建智能电网大数据的技术架构，其中采用的关键技术包括数据采集、数据存储、数据处理、数据分析挖掘、数据可视化和数据安全隐私保护等。

4.4.3　泛在电力物联网

泛在电力物联网，是指围绕电力系统各环节，充分应用移动互联、人工智能等现代信息技术、先进通信技术，实现电力系统各环节万物互联、人机交互，具有状态全面感知、信息高效处理、应用便捷灵活特征的智慧服务系统，包含感知层、网络层、平台层、应用层四层结构[28]。

通过广泛应用大数据、云计算、物联网、移动互联、人工智能、区块链、边缘计算等信息技术和智能技术，汇集各方面资源，为规划建设、生产运行、经营管理、综合服务、新业务新模式发展、企业生态环境构建等各方面，提供充足有效的信息和数据支撑。

泛在电力物联网将电力用户及其设备、电网企业及其设备、发电企业及其设备、供应商及其设备，以及人和物连接起来，产生共享数据，为用户、电网、发电、供应商和政府社会服务；以电网为枢纽，发挥平台和共享作用，为全行业和更多市场主体发展创造更大机遇，提供价值服务。

坚强智能电网和泛在电力物联网，二者相辅相成、融合发展，形成强大的价值创造平台，共同构成能源流、业务流、数据流"三流合一"的能源互联网。

第 5 章   智能变电站技术

5.1 智能变电站概述

智能变电站是采用先进、可靠、集成、低碳、环保的智能设备，以全站信息数字化、通信平台网络化、信息共享标准化为基本要求，自动完成信息采集、测量、控制、保护、计量和监测等基本功能，并可根据需要支持电网实现自动控制、智能调节、在线分析决策、协同互动等高级功能的变电站[29,30]。

智能变电站自动化系统分为站控层、间隔层和过程层三层结构，如图5.1 所示。

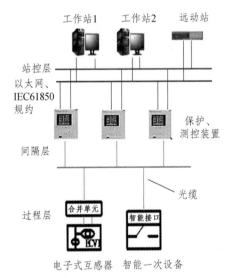

图 5.1 智能变电站"三层"典型结构图

站控层：包含自动化系统、站域控制系统、通信系统、对时系统等子系统，实现面向全站或一个以上一次设备的测量和控制功能，完成数据采集和监视控制、操作闭锁以及同步相量采集、电能量采集、保护信息管理等相关功能。站控层功能宜高度集成，可在一台计算机或嵌入式装置实现，也可分布在多台计算机或嵌入式装置中。

间隔层：包含继电保护装置、测控装置、故障录波器等二次设备，实现使用一个间隔的数据并且作用于该间隔一次设备的功能，即与各种远方输入/输出、智能传感器和控制器通信。

过程层：包含由一次设备和智能组件构成的智能设备、合并单元和智能终端，完成变电站电能分配、变换、传输及其测量、控制、保护、计量、状态监测等功能。智能组件是灵活配置的物理设备，可包含测量单元、控制单元、保护单元、计量单元、状态监测单元中的一个或几个。

智能变电站具备以下特点：

（1）坚强可靠的变电站。智能变电站除了关注站内设备及变电站本身可靠性外，更关注自身的自诊断和自治功能，做到设备故障提早预防、预警，并可以在故障发生时自动将设备故障带来的供电损失降低到最低限度。

（2）一次设备智能化。随着基于光学或电子学原理的电子式互感器和智能断路器的使用，常规模拟信号和控制电缆将逐步被数字信号和光纤代替，测控保护装置的输入、输出均为数字通信信号，变电站通信网络进一步向现场延伸。现场的采样数据、开关状态信息能在全站甚至广域范围内共享，实现真正意义的智能变电站。

（3）二次设备网络化。变电站内的继电保护装置、测控装置、防误装置、远动通信装置、故障录波器等二次设备，以逻辑功能模块代替以往的传统装置和设备，设备之间全部以光纤为媒介进行高速的网络通信，二次设备之间通过网络实现资源共享、数据共享，这都是基于模块化、标准化设计制造的成果。

（4）全站信息数字化。实现一次、二次设备的灵活控制，且具备双向通信功能，能够通过信息网进行管理，满足全站信息采集、传输、处理、输出过程完全数字化。

（5）信息共享标准化。基于 IEC61850 标准的统一标准化信息模型实现了站内外信息共享。智能变电站将统一和简化变电站的数据源，形成基于同一断面的唯一性、一致性基础信息，通过统一标准、统一建模来实现变电站内的信息交互和信息共享，可以将常规变电站内多套孤立系统集成为基于信息共享基础上的业务应用。

（6）高级应用互动化。实现各种站内外高级应用系统相关对象间的互动，服务于智能电网互动化的要求，实现变电站与控制中心之间、变电站与变电站之间、变电站与用户之间和变电站与其他应用需求之间的互联、互通和互动。

常规变电站和智能变电站的结构对比如图 5.2 所示。

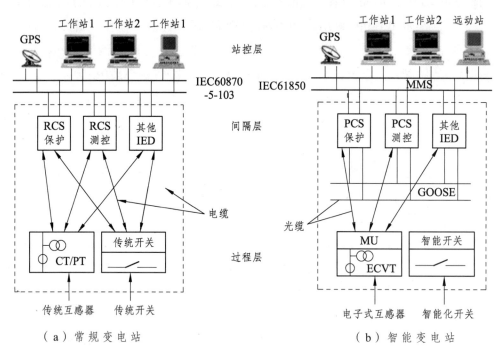

（a）常规变电站　　　　　　　　　（b）智能变电站

图 5.2　常规变电站和智能变电站的结构对比图

5.2　智能变电站一、二次设备

5.2.1　一次设备

智能变电站一次设备由若干智能电子装置（IED）集合，安装于宿主设备旁，承担与宿主设备相关的测量、控制和监测等功能；在满足相关标准要求时，还可集成相关计量、保护等功能[31]。

智能变电站一次设备的智能化体现在：

测量数字化：传统测量全部就地数字化测量；重要参量由接点信息

转化为连续测量信息（如油压、气体聚集量等）；增加测点（如底层油温等）。

控制网络化：将通过模拟电缆实施的控制升级为基于 IEC61850 的网络化控制；主要参量控制转变为基于多参量聚合的智能控制。

状态可视化：设备运行状态、控制状态、可靠性状态的就地分析；满足监控、调度、生产的信息需求。

信息互动化：设备内测量、控制、计量、监测、保护之间的信息互动；智能设备与站监控系统的信息互动；智能设备与调度（远动）的信息互动；智能设备与生产（信息监测子站）的信息互动。

功能一体化：传感器与高压设备的一体化；传统一次与二次的一体化；互感器与变压器、GIS、断路器等的一体化。

5.2.2　二次设备

智能变电站二次设备如图 5.3 所示。作为智能变电站的主要组成部分，过程层二次设备包含了电子式互感器、合并单元、智能终端和过程层交换机。各个设备功能如下[32]：

1. 电子式互感器——实现采样的数字化

电子式互感器通常由传感模块和合并单元两部分构成。传感模块又称远端模块，安装在高压一次侧，负责采集、调理一次侧电压电流并转换成数字信号。合并单元安装在二次侧，负责对各相远端模块传来的信号做同步合并处理。电压等级越高，电子式互感器优势越明显。

2. 合并单元——实现采样的共享化

采集多路电子式互感器的光数字信号，并组合成同一时间断面的电流电压数据，按照标准规定的统一数据格式输送至过程层总线。合并单元是电子式互感器接口的重要组成部分。

3. 智能终端——实现开关、刀闸开入开出命令和信号的数字化

一次设备的数字接口，接收各种对一次设备的操作命令，比如接收保

护动作信息/分合闸信号/控制信号、上传开关刀闸位置信号等。

4．过程层交换机

过程层交换机要与继电保护同等对待。将交换机的 VLAN 及所属端口、多播地址端口列表、优先级描述等配置作为定值管理。

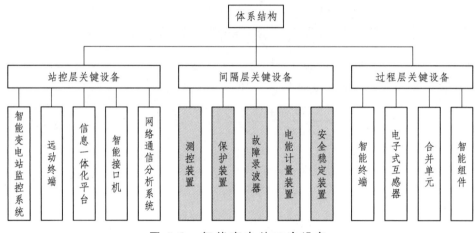

图 5.3　智能变电站二次设备

智能变电站一体化监控系统按照全站信息数字化、通信平台网络化、信息共享标准化的基本要求，通过监控主机、数据服务器、远动网关机、综合应用服务器等设备实现全站信息的统一接入、统一存储和统一展示，实现系统运行监视、操作与控制、综合信息分析与智能告警、运行管理和辅助应用等功能[33]。其架构如图 5.4 所示。

一体化监控系统的新设备如下：

（1）远动网关机：一种通信服务装置，实现变电站与调度、生产等主站系统之间数据的纵向贯通，为主站系统实现变电站监视控制、信息查询和远程浏览等功能提供通信服务。

（2）综合应用服务器：通过与在线监测、消防、安防、环境监测等信息采集装置（系统）的数据通信，实现信息的统一接入、统一传输和模型转换，具备源端维护、状态信息接入控制器（CAC）、生产管理系统（PMS）维护终端等应用功能。

（3）数据服务器：实现智能变电站全景数据的分类处理和集中存储，并经由消息总线向监控主机、远动网关机和综合应用服务器提供数据的查询、更新、事务管理、索引、安全及多用户存取控制等服务。

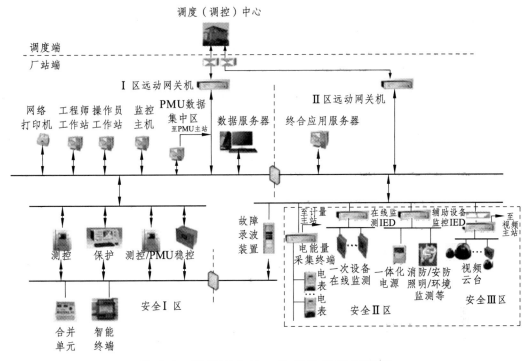

图 5.4　智能变电站一体化监控系统架构

智能变电站的继电保护基本技术原则[34]如下：

（1）220 kV 及以上电压等级继电保护系统应遵循双重化配置原则，每套保护系统装置功能独立完备且安全可靠。双重化配置的两个过程层网络应遵循完全独立的原则。

（2）按照国家标准 GB/T 14285 要求："除出口继电器外，装置内的任一元件损坏时，装置不应误动作跳闸"。智能变电站中的电子式互感器的二次转换器（A/D 采样回路）、合并单元（MU）、光纤连接、智能终端、过程层网络交换机等设备内任一个元件损坏，除出口继电器外，不应引起保护误动作跳闸。

（3）保护装置应不依赖于外部时钟系统实现其保护功能。

（4）保护应直接采样，对于单间隔的保护应直接跳闸，涉及多间隔的保护（母线保护）宜直接跳闸。对于涉及多间隔的保护（母线保护），如确有必要采用其他跳闸方式，相关设备应满足保护对可靠性和快速性的要求。

（5）继电保护设备与本间隔智能终端之间通信应采用 GOOSE 点对点通信方式；继电保护之间的联闭锁信息、失灵启动等信息宜采用 GOOSE 网络传输方式。

（6）在技术先进、运行可靠的前提下，可采用电子式互感器。

（7）110 kV及以上电压等级的过程层SV网络、过程层GOOSE网络、站控层MMS网络应完全独立，继电保护装置接入不同网络时，应采用相互独立的数据接口控制器。

（8）110 kV及以上电压等级双母线、单母线分段等接线型式（单断路器）宜在各线路、变压器间隔分别装设三相电子式电压互感器（EVT），条件具备时宜装设电子式电压电流互感器（ECVT）。

5.3 新一代智能变电站

新一代智能变电站采用通用、紧凑、易维护、节能保护的智能一、二次集成化智能设备和一体化业务系统，采用一体化设计、一体化供货、一体化调试模式，实现信息统一采集、集中分析处理、一体化监控、分层分布上传。变电站内各系统统一组网，网络结构将更清晰简洁，并能实现站域后备保护、站内优化控制等智能变电站已有的高级应用功能。同时还能通过站间互动，实现广域优化控制、区域备自投等更高层次的高级应用功能。新一代智能变电站的通信标准将仍然是IEC61850。为了支持电网的安全稳定运行和各类应用的实施，依靠高级协调控制与预决策分析技术以及多源信息的分层与交互技术，与电力调控中心进行运维策略和设备信息进行更加全面的交互，从而打造"系统高度集成、结构布局合理、装备先进适用、经济节能环保、支撑调控一体"新一代智能变电站[35]。

新一代智能变电站实施思路可分为以下步骤：

（1）站内网络的优化整合。

基于报文分流和关键域处理的"MMS、GOOSE、SV三网合一"方案。

（2）高效的智能变电站建设。

装配"预置式集成舱"。预制舱内设置统一的端子转接箱，用于转接与外部配合的电缆和光缆。舱内端子箱到各屏柜间的连接可以在厂内完成。现场通过定制的接插件完成光缆电缆的对接，无须传统电缆接线、光缆熔接等现场工作。

（3）方便的智能变电站设计与运维。

二次回路设计运维一体可视化方案。

（4）信息优化与综合利用。

多数据源切换的站域保护控制；优化集成的一体化测控和集中式测控。

智能变电站已成为如今各电压等级变电站新建、改建和扩建的首选方案，相比于传统智能变电站，新一代智能变电站更是有以下网络特点：① MMS、SV、GOOSE 三网合一，交换机数量大大减少；② 全站网络按双网配置，单套交换机损坏不影响任何设备功能；③ 采用静态组播技术，全面优化数据转发流量；④ 采用 VLAN 技术实现不同电压等级网络、双重化保护对应的两套网络实现逻辑隔离；⑤ 支持按 MAC 地址、协议类型进行流量控制的交换机，大大降低了不同数据流传输间的互相影响；⑥ 支持风暴抑制的间隔层设备及支持流量控制的交换机，极大地降低了网络风暴对设备功能的影响。

5.4　智能变电站调试

5.4.1　智能变电站标准调试流程

智能变电站标准调试流程如图 5.5 所示。

（1）组态配置中 SCD 文件配置宜由用户完成，也可指定系统集成商完成后经用户认可。设备下装与配置工作宜由相应厂家完成，也可在厂家的指导下由用户完成。

（2）系统测试宜在集成商厂家集中进行，但必须由用户或用户指定的第三方监督完成。系统测试也可在用户组织指定的场所进行，如电试院或变电站现场。与一次本体联系紧密的智能设备，如电子式互感器，其单体调试和相关的分系统调试也可在现场完成；其他智能设备可将智能接口装置，如智能终端、常规互感器合并单元等宜集中做系统测试。部分分系统调试，如防误操作功能检验也可按现场调试步骤进行。

（3）系统动模试验为可选步骤，应在变电站工程初步设计阶段明确是否需要，可根据以下条件有选择地进行：

① 工程采用的系统结构为首次应用；

② 工程虽采用已做过系统动模的典型系统结构，但局部更改明显；

③ 工程采用的设备厂家与以往工程差异化明显；

④ 同一厂家设备曾做过 3 次以上系统动模试验的不宜再做。

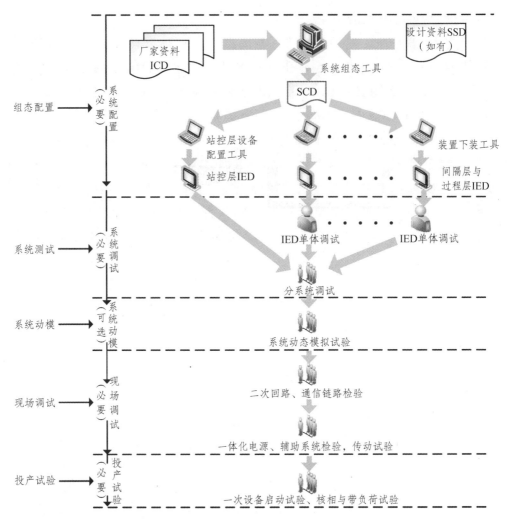

图 5.5　智能变电站调试流程

系统动模试验单位资质应由用户认可，用户可全程参与系统动模试验。系统动模试验应出具完整的试验报告，对试验结果进行客观评价。

（4）现场调试主要包括回路、通信链路检验及传动试验。辅助系统（含视频监控、安防等）调试宜在现场调试阶段进行。

（5）投产试验包括一次设备启动试验、核相与带负荷试验。

5.4.2 PCS-931 概述

PCS-931 为由微机实现的数字式超高压线路成套快速保护装置，可用作智能变电站 220 kV 及以上电压等级输电线路的主保护及后备保护。装置外形如图 5.6~图 5.8 所示。

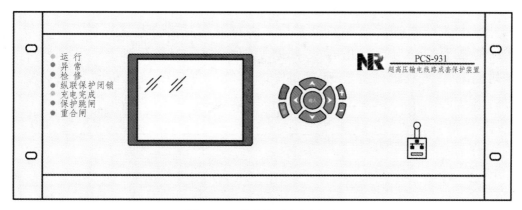

图 5.6　装置面板布置图

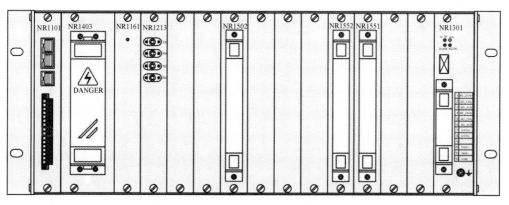

图 5.7　装置背板图-G（常规采样，常规跳闸的典型配置）

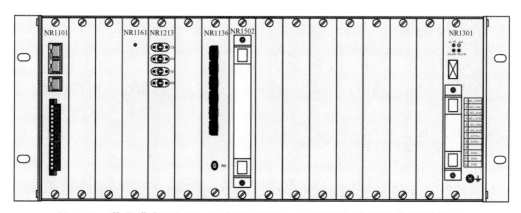

图 5.8　装置背板图-DA-G（SV 采样、GOOSE 跳闸的典型配置）

PCS-931 基于南京南瑞继保电气有限公司新一代保护控制平台 UAPC 开发，采用 32 位高性能微处理器作为故障检测和功能管理的核心，硬件的集成度高、可扩展性强、可维护性好。采用高性能的内部通信总线，确保了板卡插件间数据通信的可靠性，支持分布计算、系统均衡负载，使系统性能易于扩展。双重化的采样通道和冗余的 DSP 处理器，实现每个采样间隔对采样数据的并行处理和实时计算，保证了装置的可靠性和安全性。图 5.9 显示了 PCS-931 硬件结构示意图。

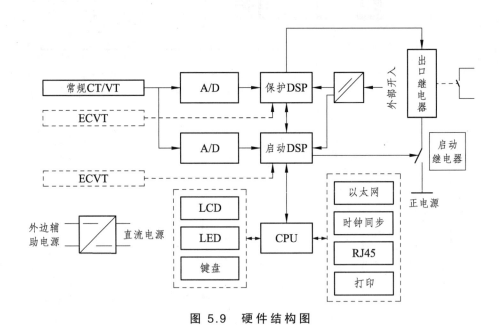

图 5.9　硬件结构图

5.4.3 PCS-931 插件说明

1. MON 插件

MON 插件正视图如图 5.10 所示。

MON 插件由高性能的嵌入式处理器、存储器、以太网控制器及其他外设组成，它可实现对整个装置的管理、人机界面、通信和录波等功能。MON 插件使用内部总线接收装置内其他插件的数据。以 NR1102D 为例，通信此插件具有 4 路 RJ-45 百兆以太网接口、1 路 RS-485 外部通信接口和 1 路 RS-232 打印机接口。各插件的接口及端子定义如表 5.1 所示。

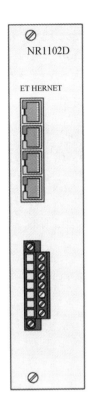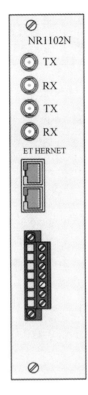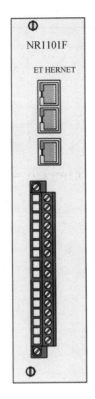

A	0101	通信
B	0102	
SGND	0103	
	0104	
A	0105	通信
B	0106	
SGND	0107	
	0108	
SYN+	0109	同步时钟
SYN−	0110	
SGND	0111	
	0112	
RTS	0113	打印
TXD	0114	
SGND	0115	
	0116	

SYN+	0101	同步时钟
SYN−	0102	
SGND	0103	
	0104	
RTS	0105	打印
TXD	0106	
SGND	0107	

NR1102接线端子   NR1101接线端子

图 5.10 MON 插件视图及接线端子

表 5.1 MON 插件接口及端子定义

插件标识	接口	端子号		用途	物理层
NR1102D	4 RJ45 Ethemet			与监控系统通信	五类屏蔽网络线
	RS-485	01	SYN+	时钟同步	屏蔽双绞线
		02	SYN-		
		03	SGND		
		04			
	RS-232	05	RTS	打印	电缆
		06	TXD		
		07	SGND		
		06	TXD		
		07	SGND		

续表

插件标识	接口	端子号		用途	物理层
NR1102N	2 RJ45 Ethemet			与监控系统通信	五类屏蔽网络线
	2 FO Ethemet			与监控系统通信	光纤 ST 接口
	RS-485	01	SYN+	时钟同步	屏蔽双绞线
		02	SYN-		
		03	SGND		
		04			
	RS-232	05	RTS	打印	电缆
		06	TXD		
		07	SGND		

2．交流输入插件

非选配 K 型的交流输入插件正视图如图 5.11 所示,适用于有模拟 PT、CT 的厂站，其与系统的接线方式如图 5.12～图 5.14 所示。Ia、Ib、Ic 和 I0 分别为三相电流和零序电流输入；01、03、05 和 07 为极性端；Ua、Ub 和 Uc 为用于保护计算的三相电压输入；Us 为同期电压，可以是相电压或相间电压。虽然保护中零序方向、零序过流元件均采用自产的零序电流计算，但是零序电流启动元件仍由外部的输入零序电流计算。因此，如果零序电流不接，则所有与零序电流相关的保护均不能动作，如零序过流等。

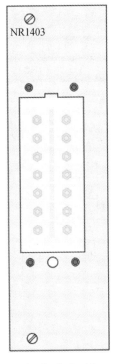

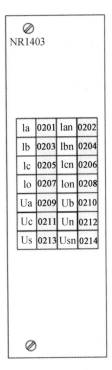

Ia	0201	Ian	0202
Ib	0203	Ibn	0204
Ic	0205	Icn	0206
Io	0207	Ion	0208
Ua	0209	Ub	0210
Uc	0211	Un	0212
Us	0213	Usn	0214

（a）背视图　　　　　　　（b）端子定义

图 5.11　AI 插件正视图及端子定义

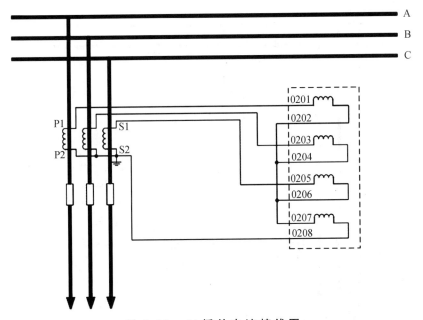

图 5.12　AI 插件电流接线图

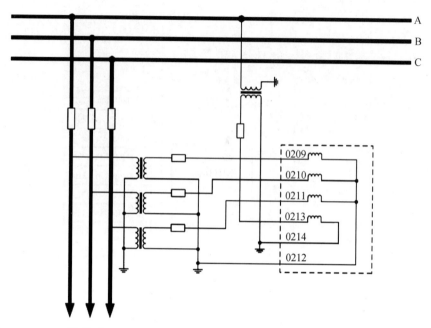

图 5.13　AI 插件电压接线图（保护电压取自线路，同期电压取自母线）

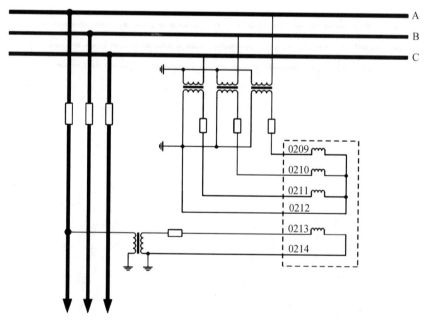

图 5.14　AI 插件电压接线图（保护电压取自母线，同期电压取自线路）

3. DSP 插件

DSP 插件如图 5.15 所示，由高性能的数字信号处理器、同步采样的 16 位高精度 ADC 以及其他外设组成。插件完成模拟量数据采集、与对侧交换采样数据、保护逻辑计算和跳闸出口等功能。双重化的采样通道和数字信号处理器，有效提高装置的可靠性。

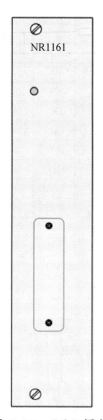

图 5.15　DSP 插件

4. 开关量输入插件

智能开关量输入插件 NR1502 如图 5.16 所示，可同时监测 25 路开入，并将开入信息通过内部总线传给其他插件。有些开入可能从较远处引入，如收信接点从通信机房的载波机接至控制室的保护屏，或某些情况下从断路器处引出位置接点至保护屏，此时不宜采用 NR1502，可配置 NR1507 插件。

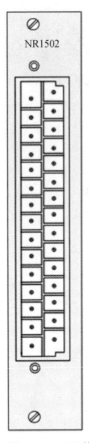

NR1502			
Bl02	02	Bl01	01
Bl04	04	BI03	03
Bl06	06	BI05	05
Bl08	08	BI07	07
Bl10	10	BI09	09
Bl12	12	Bl11	11
OPT+	14		13
	16	OPT−	15
Bl14	18	Bl13	17
Bl16	20	Bl15	19
Bl18	22	Bl17	21
Bl20	24	Bl19	23
Bl22	26	Bl21	25
Bl24	28	Bl23	27
	30	Bl25	29

图 5.16　开关量输入插件（NR1502）

5. 电源插件

电源插件如图 5.17 所示。电源插件输出 5 V 和 24 V 直流电，其中 5 V
输出为装置其他插件供电，没有输出端子。电源插件的 01～03 端子为装
置输出的闭锁和报警空接点，01 端子为公共端，闭锁（BO_FAIL）为常
闭接点，报警（BO_ALM）为常开接点。04～06 端子为另外一组闭锁和
报警空接点。07、08 端子为 24 V 电源输出端子，该 24 V 电源主要供开
关量输入插件使用。其中 07 为 OPTO+（即 24 V+），08 为 OPTO−（即
24 V−），该电源输出的额定电流为 200 mA。10、11 端子为电源输入端子，
其中 10 为 PWR+，11 为 PWR−。输入电源的额定电压为 220 V 和 110 V
自适应。

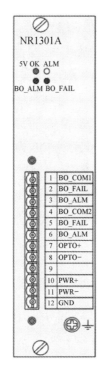

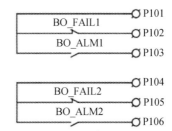

图 5.17　电源插件

5.4.4 PCS-931 调试

1. 零漂、采样值及开关量检查

零漂检查：在端子排上短接电压回路及断开电流回路，进入"模拟量"→"保护测量"和"启动测量"菜单，查看电压电流零漂值。

采样精度试验：在装置端子排加入额定交流电压、电流，进入"模拟量"→"保护测量""启动测量"菜单，查看装置显示的采样值，显示值与实测的误差应不大于 5%。

开入量检查：进入"状态量"→"输入量"→"接点输入""纵联通道接收量"菜单查看各个开入量状态，投退各个功能压板和开入量，装置能正确显示当前状态。

2. 专用光纤通道调试

首先用光功率计和尾纤检查保护装置的发光功率是否和通道插件上的标称值一致，常规插件波长为 1310 nm 的发信功率在 -14 dBm 左右，超长距离用插件波长为 1550 nm 的发信功率在 -11 dBm 左右。然后用光功率计检查由对侧来的光纤收信功率，校验收信裕度，常规插件波长为 1310 nm 的接收灵敏度为 – 40 dBm；应保证收信功率裕度（功率裕度 = 收信功率 – 接收灵敏度）在 8 dB 以上，最好要有 10 dB。若对侧接收光功率不满足接收灵敏度要求时，应检查光纤的衰耗是否与实际线路长度相符。再分别用尾纤将两侧保护装置的光收、发自环，将相关通道的"通信内时钟"控制字置 1，"本侧识别码"和"对侧识别码"整定为相等，经一段时间的观察，保护装置不能有"纵联通道异常"告警信号，同时通道状态中的各个状态计数器均维持不变。最后将通道恢复到正常运行时的连接，投入差动压板，保护装置纵联通道异常灯应不亮，无纵联通道异常信号，通道状态中的各个状态计数器维持不变。

3．复用通道调试

复用通道调试前检查两侧保护装置的发光功率和接收功率，校验收信裕度，方法同专用光纤。复用通道具体调试步骤为：

（1）分别用尾纤将两侧保护装置的光收、发自环，将"通信内时钟"控制字置 1，"本侧识别码"和"对侧识别码"整定为相等，经一段时间的观察，保护装置不能有纵联通道异常告警信号，同时通道状态中的各个状态计数器均维持不变。

（2）两侧正常连接保护装置和 MUX 之间的光缆，检查 MUX 装置的光发送功率、光接收功率（MUX 的光发送功率一般为 – 13.0 dBm，接收灵敏度为 – 30.0 dBm）。MUX 的收信光功率应在 – 20 dBm 以上，保护装置的收信功率应在 – 15 dBm 以上。站内光缆的衰耗应不超过 1～2 dB。

（3）两侧在接口设备的电接口处自环，将"通信内时钟"控制字置 1，"本侧识别码"和"对侧识别码"整定为相等，经一段时间的观察，保护不能报纵联通道异常告警信号，同时通道状态中的各个状态计数器均不能增加。

（4）利用误码仪测试复用通道的传输质量，要求误码率越低越好（要求短时间误码率在 1.0E-6 以上）。同时不能有 NOSIGNAL、AIS、PATTERNLOS 等其他告警。通道测试时间要求至少超过 24 小时。

（5）如果现场没有误码仪，可分别在两侧远程自环测试通道。方法如下：将"通信内时钟"控制字置 1，"本侧识别码"和"对侧识别码"整定为相等，在对端的电口自环。经一段时间测试（至少超过 24 小时），保护不能报纵联通道异常告警信号，同时通道状态中的各个状态计数器维持不变（长时间后，可能会有小的增加），完成后再到对侧重复测试一次。

（6）恢复两侧接口装置电口的正常连接，将通道恢复到正常运行时的连接。将定值恢复到正常运行时的状态。

（7）投入差动压板，保护装置纵联通道异常灯不亮，无纵联通道异常信号。通道状态中的各个状态计数器维持不变（长时间后，可能会有小的增加）。

参考文献

[1] 张沛超，高翔．数字化变电站系统结构[J]．电网技术，2006（24）：73-77.

[2] 孙秋野．电力系统分析[M]．北京：人民邮电出版社，2012.

[3] 赵文清，朱永利．电力变压器状态评估综述[J]．变压器，2007（11）：9-12+74.

[4] 郝思鹏，黄贤明，刘海涛．1 000 MW 超超临界火电机组电气设备及运行[M].南京：东南大学出版社，2014.

[5] 沈显庆，张秀，郑爽，等．开关电源原理与设计[M]．南京：东南大学出版社，2019.

[6] 牟道槐，林莉．发电厂、变电站电气部分[M]．3 版．重庆：重庆大学出版社，2017.

[7] 何国志，等．水电站电气一次设备检修[M]．北京：中国水利水电出版社，2005.

[8] 李燕．电力系统通信技术[M]．北京：中国电力出版社，2016.

[9] 张典谟．电力系统通信基础[M]．北京：水利电力出版社，1987

[10] 徐婧劼．电力通信运维检修实用技术[M]．中国水利水电出版社，2016

[11] 赵东风，彭家和，丁洪伟．SDH 光传输技术与设备[M]．北京：北京邮电大学出版社，2012.

[12] 华为技术有限公司．OptiX OSN 3500 智能光传输系统技术手册[EB/OL]. https://max.book118.com/html/2018/1016/7166133060001153.shtm. 2022-6-24.

[13] 李春平．配电变压器过负荷原因及治理措施探讨[J]．中国高新技术企业，2017（10）：202-203.

[14] 马浩森. 电力系统过电压与绝缘配合的研究[J]. 集成电路应用，2020，37（09）：90-91.

[15] 张保会，尹项根. 电力系统继电保护[M]. 2版. 北京：中国电力出版社，2010.

[16] 赵瑜，全铁群. 变电运行中继电保护相关技术性问题研究[J]. 科技与创新，2020（20）：46-47+49.

[17] 鲁月华，樊艳芳，罗瑞. 适用于交直流混联系统的时域全量故障模型判别纵联保护方案[J]. 电力系统保护与控制，2020，48（19）：81-88.

[18] 乔小冬，于宏伟. 特高压换流站换流变重瓦斯保护动作故障分析[J]. 电工技术，2019（11）：92-93+96.

[19] 盛远，厉娜，梁智. 计及重合闸不同电压等级备自投配合问题分析[J]. 电力安全技术，2020，22（06）：14-19.

[20] 郭淳. 继电保护与电力自动化的故障处理方法[J]. 集成电路应用，2020，37（10）：152-153.

[21] 田位平，毕建权. 电力系统新型低频减载装置的协调控制策略[J]. 电力科学与工程，2005（02）：38-40+56.

[22] 贾钦，魏凯. 备用电源自动投入装置的研究与分析[J]. 中国新技术新产品，2020（01）：81-82.

[23] 单茂华，姚建国，杨胜春，等. 新一代智能电网调度技术支持系统架构研究[J]. 南方电网技术，2016，10（06）：1-7.

[24] 罗兴春，张秋实，王坤. 我国电力调度自动化系统在煤炭行业的应用[J]. 煤炭技术，2013，32（11）：83-84.

[25] 姚建国，杨胜春，高宗和，等. 电网调度自动化系统发展趋势展望[J]. 电力系统自动化，2007（13）：7-11.

[26] 彭志强，张小易，游浩云，等. 智能电网调度控制系统主备通道信息比对技术分析[J]. 中国电力，2015，48（08）：155-160.

[27] 冷喜武，陈国平，白静洁，等. 智能电网监控运行大数据分析系统总体设计[J]. 电力系统自动化，2018，42（12）：160-166.

[28] 杨挺，翟峰，赵英杰，等. 泛在电力物联网释义与研究展望[J]. 电力

系统自动化，2019，43（13）：9-20+53.

[29] 荀占龙. 220 kV 模块化建设变电站二次设备优化配置研究[J]. 工程建设与设计，2018，（20）：102-103.

[30] 胡劲松，石改萍，孔祥玉，等. 新技术对模块化智能变电站设计的影响分析和建议[J]. 电力系统及其自动化学报，2020，32（03）：107-112.

[31] 梁业青. 智能变电站一次设备智能化的探讨和展望[J]. 科技广场，2014（02）：79-83.

[32] 倪益民，杨宇，樊陈，等. 智能变电站二次设备集成方案讨论[J]. 电力系统自动化，2014，38（03）：194-199.

[33] 樊陈，倪益民，窦仁晖，等. 智能变电站一体化监控系统有关规范解读[J]. 电力系统自动化，2012，36（19）：1-5.

[34] 裴愉涛，胡雪平，凌光，等. 国网公司智能变电站继电保护标准体系研究[J]. 电力系统保护与控制，2017，45（20）：7-13.

[35] 辛培哲，蔡声霞，邹国辉，等. 未来智能电网发展模式与技术路线初探[J]. 电力系统及其自动化学报，2019，31（02）：89-94.

[36] 国网江苏省电力有限公司技能培训中心. 智能变电站自动化设备运维实训教材[M]. 北京：中国电力出版社，2018.